# 南疆棉花水氮迁移研究

周保平　著

东北大学出版社

·沈　阳·

© 周保平　2023

**图书在版编目（CIP）数据**

南疆棉花水氮迁移研究 / 周保平著. — 沈阳：东北大学出版社，2023.2
ISBN 978-7-5517-3228-4

Ⅰ.①南… Ⅱ.①周… Ⅲ.①棉花—土壤氮素—元素迁移—研究—南疆 Ⅳ.①S562.061

中国国家版本馆CIP数据核字（2023）第034514号

---

出 版 者：东北大学出版社
　　　　　地址：沈阳市和平区文化路三号巷11号
　　　　　邮编：110819
　　　　　电话：024-83680267（社务部） 83687331（营销部）
　　　　　传真：024-83683655（总编室） 83680180（营销部）
　　　　　网址：http://www.neupress.com
　　　　　E-mail:neuph@neupress.com
印 刷 者：沈阳市第二市政建设工程公司印刷厂
发 行 者：东北大学出版社
幅面尺寸：185 mm × 260 mm
印　　张：8.25
字　　数：181千字
出版时间：2023年2月第1版
印刷时间：2024年1月第2次印刷
策划编辑：曹　明
责任编辑：廖平平
责任校对：白松艳
封面设计：潘正一

---

ISBN 978-7-5517-3228-4　　　　　　　　　　　　　　定价：57.00元

# 前　言

　　本文基于国家自然科学基金地区科学基金项目（项目编号：61563046）南疆盐盐渍化地区棉花水氮迁移机理及效应模拟研究整理编制而成。

　　近年来，南疆提出了膜下滴灌、调亏灌溉、限水灌溉、非充分灌溉等先进的灌溉技术，从传统的大水漫灌转向了节水灌溉，这样既节约了水资源又提高了作物的品质。在盐渍化地区棉花根系的生长在根系空间构型上会发生变化，变空间构型上的变化对植株在不同深度吸收养分和水分有直接影响。南疆高产棉田氮素损失的重要因素是氮素随水向下移出根层、氨挥发及硝态氮淋移进入根层。造成氨挥发的主要原因是新疆棉花种植区气候干旱、土壤多呈碱性、阳离交换量大、土壤有较好的透气性，这些条件促进了氨的挥发，不利于硝化反硝化。本书针对南疆地区不同盐渍化土壤下不同水氮处理对棉花的生态指标、水氮利用效率、水氮迁移规律的影响，模拟土壤中水分和硝态氮的动态变化，揭示了不同盐渍化土壤下的水氮耦合机理并提出了适合当地的水氮生产模式。

　　本书包含的主要内容分别为：棉花水氮迁移研究简况、滴灌高产棉花水分迁移研究、滴灌高产棉花氮素迁移研究、DSSAT模型对不同灌溉施氮棉花产量评价、滴灌高产棉花模拟研究和利用展望。

　　本研究工作得到了塔里木大学信息工程学院李旭教授和他指导的硕士研究生石子琰、洪国军、孙亚荣及著者指导的硕士研究生张婷乐、王昱、张奕、冯洁提供的各种帮助，在此表示衷心感谢。

著　者

2022年6月

于新疆阿拉尔塔里木大学

# 目　录

# 第1章　棉花水氮迁移研究简况

## 1.1　研究区域简况

新疆生产建设兵团农一师十三团规划面积60720 m²，作物耕地面积8052 m²，绿植园林面积2087 m²，基础设施及其他面积3379 m²。地处北纬40°30′00″—40°44′56″，东经80°33′45″—81°40′10″，海拔1030 m。灌溉试验基地安装有自记式集成气象站，对田间气象数据进行连续观测，观测时间间隔设置为15 min，观测项目主要包括降雨量、温度、风速、风向、太阳短波辐射、露点和相对湿度等。

气温：试验区2018年的气温情况，1月最冷，平均气温最低，7—8月平均气温最高。日均最低温度出现在1月，为−17.55℃，月均最低温度也出现在1月，为−12.33℃。随着太阳辐射的增强，至7月气温达到最高，7月平均气温为25.26℃。全年平均积温为4105.37℃，其中负积温为−492.15℃，正积温为4597.52℃。年内气温变化受太阳辐射的影响呈现波动式变化。

太阳辐射：太阳以电磁波和粒子流的形式向外传递能量，产生太阳辐射，是地球表层能量的主要来源。试验区2018年7月太阳辐射量最大，平均为59.29 kJ/cm²，12月太阳辐射量最小，日均为0.56 kJ/cm²，月均为17.28 kJ/cm²，年内1—7月太阳辐射总体呈上升趋势，8—12月呈下降趋势。全年平均太阳辐射量为472.42 kJ/cm²。

降雨量：2018年年内降雨量主要集中在5—9月份，年平均降雨量为70.61 mm。

## 1.2　国内研究现状及分析

塔里木盆地边缘绿洲是我国重要的棉花生产区域，灌水和施肥是决定农作物产量和经济效益的重要因素。"以肥调水，以水促肥"，适当的水肥条件可以使作物更好地吸收和运送养分，更有利于作物的生长发育。水和肥是棉花植株生长发育过程中两个互相依赖、互相制约的因素。合理施肥可以提高水分利用效率，合理灌溉可以显著提高固肥率，减少水分胁迫等现象的发生。

国际地下水模拟中心1999年开发了商业化软件HYDRUS-2D，Simunek用以模拟土壤中的水分、溶质和热量的运移。Skaggs等利用该软件模拟了滴灌条件下的土壤水分分布，实测值与模拟值吻合良好，模拟对比结果表明HYDRUS-2D可以作为滴灌技术参数设计过程中的有效工具。随后，在滴灌条件下Skaggs等再一次利用该软件模拟研究了对土壤水分分布模式产生影响的灌水量、灌水频率和初始含水率。

毛晓敏和尚松浩提出了计算多层土壤稳定入渗率的饱和层最小通量法，同时采用HYDRUS-1D数值模拟软件对不同土壤表面水头、多层土壤特性下的稳渗过程进行了模拟。以往的各种研究几乎没有涉及盐渍化土壤水分迁移的模拟问题，因此，在南疆主产棉花的盐渍化地区考虑盐分影响下的棉花水分迁移模拟研究，可以借鉴已成熟的模型与软件，结合地区特点进行创新，定量研究棉花根系分布特征，土壤水分分布及盐分对根系吸收水的影响机制，丰富土壤水分迁移机理的理论。

周智伟等在作物水分生产传统函数基础上，建立了基于BP人工神经网络的作物水肥生产函数模型。王斌等在南疆沙壤土棉田，设置了3个处理因子（施氮、施磷和灌水），每个因子依施用量设4个水平，采用田间试验的方式研究水肥耦合效应对棉花产量的影响，建立了非线性多元回归数学施肥模型。霍星等为提高盐渍化地区水肥利用效率，采用三因素五水平二次通用旋转组合设计，建立了水氮盐产量模型。

何进宇等研究得出水稻灌溉定额氮、磷与产量之间符合三元二次回归模型，其一次项、二次项及水氮交互项回归系数均达到显著水平，由此计算得出最高产量灌溉定额及其施肥量、经济最佳灌溉定额及其施肥量。

胡克林等构建了联合模拟模型SPWS，主要对作物生长和农田中土壤-作物系统的水氮运移进行模拟，用HYDRUS-1D模型进行求解，土壤氮素迁移转化的模拟利用改进的溶质运移方程来实现，模拟值与实测值吻合良好。Cote等利用HYDRUS-2D模拟了不同土壤质地在地下滴灌条件下土壤水分的运移特征，指出滴灌系统设计需要考虑土壤水力特性的差异性。

Lazarovitch等结合田间试验数据模拟结果得出水分渗漏现象与系统运行方式、滴头流量无显著影响，土壤特性对水分渗漏影响显著。Gardenas等通过HYDRUS-2D模拟指出，与微灌系统种类相比，水分渗漏受土壤类型影响更为明显。

Xu, L.G, J.S等指出，随着HYDRUS-2D模型不断优化，模型对水分及氮素运移规律模拟效果良好，为农田水资源高效利用提供理论依据。李久生在不同土壤中建立了水分和硝态氮运移的数学模型和边界条件，对模型的求解利用HYDRUS-2D软件进行。

Blame R.Hanson等运用HYDRUS-2D软件开发优化灌水施肥管理式的工具，减轻环境污染，提高作物产量。研究模拟了土壤剖面氮磷的分布、渗涌在滴灌和微灌条件下的分布情况。滴灌和微灌条件下肥料利用率分别为50.7%～64.9%和44%～47%。

穆红文建立了土壤水分迁移模型及硝态氮迁移模型，此两种模型皆在土壤膜孔肥液自由入渗条件下所建，两种模型结合Gauess-Seidel迭代法，采用ADI格式进行求解，并进行了试验验证。Blame R.Hanson等运用HYDRUS-2D软件开发优化灌水施肥管理方式的工具，减轻环境污染，提高作物产量。

综上所述，运用HYDRUS-2D进行模拟可以较好地反映水分迁移的情况，可以作为实际运用的一种预测手段。

# 1.3 研究内容与技术路线

本文以南疆盐渍化地区经济作物棉花为研究对象，在轻度与中度盐分土壤上开展水氮耦合试验，揭示南疆盐渍化地区棉花水氮耦合机理和土壤中水分氮素迁移规律，并获得了最佳的水氮管理模式。分析在不同盐分土壤上不同水氮处理对棉花生理生态指标、水氮利用效率、水土环境的影响，通过大田试验取得的数据和计算机模拟相结合的方式进行试验研究。在不同盐分土壤水平上开展如下研究：① 设置轻度和中度两个盐分土壤水平，研究不同的水氮组合处理棉花的生育期、茎粗、株高、干物质积累量、叶面积的影响，盐渍化地区棉花生长发育最佳水氮耦合模式。② 研究棉花在不同盐分土壤上，不同水氮组合处理及相互关系对棉花产量的影响。在不同盐分土壤下通过对棉花不同生育期土样与各器官养分的测定，研究不同灌水量和施氮量对棉花水分利用效率及体内养分累积的影响。③ 研究在不同的盐渍化土壤下，不同的水氮处理下土壤$NO_3^-$—N与水分的分布规律，并应用HYDRUS-2D模拟水分和氮素的运移。揭示不同水氮处理下水分与$NO_3^-$—N的动态变化规律。④ 通过以上研究揭示不同盐渍化土壤水氮耦合机理及水氮高效利用模式。

# 第2章　滴管高产棉花水分迁移研究

## 2.1　不同的灌水处理对棉花生长的影响

### 2.1.1　不同的灌水处理对棉花生育期的影响

膜下滴灌棉花生育期土壤水分变化分析。膜下滴灌棉花生育期灌溉制度，设计不同的灌水次数和灌水定额，灌水次数设12次和16次两个水平，分别用T12和T16表示。灌水定额根据Penman-Monteith公式。灌水定额设计11，12和13三个水平，棉花生育期灌溉试验为两因素三水平组合设计，共计六个处理。

2018年棉花生育期各处理0～30 cm，40～100 cm和0～100 cm土层范围土壤含水率变化如图2-1所示。2018年棉花不同生育阶段各处理土壤水分见表2-1。

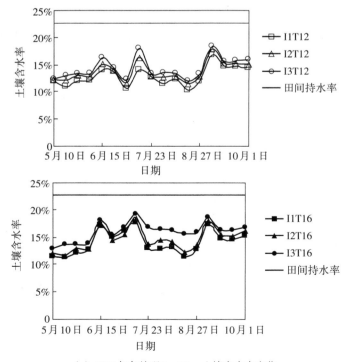

（a）2018年各处理0～30cm土壤含水率变化

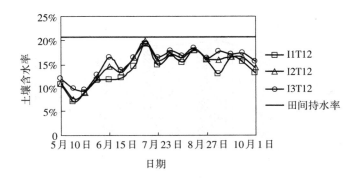

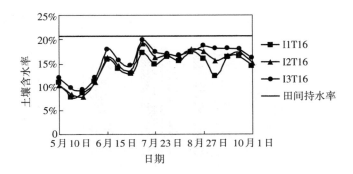

（b）2018年各处理40～100cm土壤含水率变化

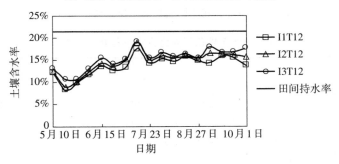

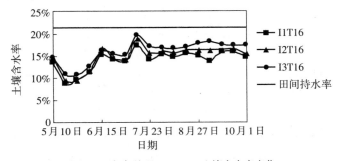

（c）2018年各处理0～100cm土壤含水率变化

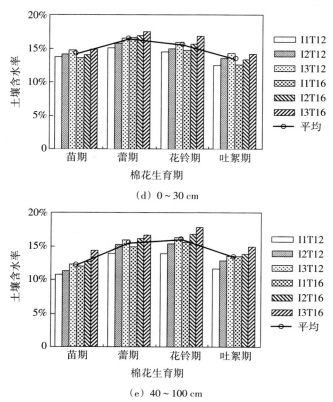

（d）0～30 cm

（e）40～100 cm

**图2-1　2018年棉花不同生育期土壤剖面平均含水率**

**表2-1　2018年棉花不同生育阶段各处理土壤水分**

| 生育阶段 | 土层范围/cm | I1T12 | I2T12 | I3T12 | I1T16 | I2T16 | I3T16 |
|---|---|---|---|---|---|---|---|
| 苗期 | 0～30 | 12.19±1.18 | 13.11±1.22 | 13.67±1.50 | 12.95±2.47 | 13.48±2.27 | 14.51±2.07 |
| | 40～100 | 10.09±1.96 | 10.90±2.74 | 12.16±2.82 | 10.82±3.11 | 10.91±3.32 | 12.18±3.45 |
| | 0～100 | 11.12±2.03 | 11.64±2.05 | 12.61±1.97 | 11.76±2.66 | 12.42±3.20 | 13.04±2.45 |
| 蕾期 | 0～30 | 12.82±1.93 | 14.06±2.33 | 14.95±2.96 | 16.32±1.29 | 16.24±2.06 | 17.13±1.92 |
| | 40～100 | 15.23±2.75 | 16.65±2.62 | 16.64±2.78 | 14.69±2.23 | 15.76±2.22 | 16.67±1.94 |
| | 0～100 | 14.51±2.08 | 15.87±2.19 | 16.13±2.07 | 15.18±1.88 | 15.90±2.12 | 16.81±1.86 |
| 花铃期 | 0～30 | 12.61±2.24 | 13.44±2.28 | 13.98±2.25 | 13.48±2.02 | 14.47±1.89 | 16.63±1.05 |
| | 40～100 | 15.71±1.18 | 16.61±1.19 | 17.25±1.63 | 15.40±0.95 | 16.79±0.89 | 17.56±1.03 |
| | 0～100 | 14.78±1.07 | 15.66±1.33 | 16.27±1.70 | 14.83±0.89 | 16.09±1.00 | 17.28±0.94 |
| 吐絮期 | 0～30 | 14.69±0.19 | 15.26±0.08 | 15.83±0.14 | 14.87±0.41 | 15.69±0.54 | 16.54±0.33 |
| | 40～100 | 15.15±1.68 | 15.86±1.27 | 16.71±0.94 | 15.79±1.13 | 16.34±1.16 | 17.39±1.06 |
| | 0～100 | 15.01±1.23 | 16.01±0.34 | 17.11±0.55 | 15.51±0.67 | 16.14±0.65 | 17.46±0.12 |

　　水的用量在不同盐度棉田中对棉花的生育期有不同的影响。由表2-2和表2-3可以看出，在轻度盐渍化土壤和中度盐渍化土壤上，整体来说棉花各个生育期在中度盐渍化土壤上比轻度盐渍化土壤晚2～3天，在$F_HW_H$处理下棉花各个生育期出现时间无明显差

异。棉花苗期—现蕾期在不同灌水处理下生育期只相差1天，棉花进入盛蕾期之后不同水氮处理使生育期存在一定的差异。含盐量越高，棉花的出苗时间越晚，在中度盐分土壤中，高水灌溉处理与中水灌溉处理要比低水灌溉处理出苗早1~2天，说明在灌水量充足的条件下可以稀释土壤中的盐分，有利于棉花的出苗。

表2-2 轻度盐渍化土壤下不同灌水处理下棉花生育期

| 水肥处理 | 苗期 | 蕾期 | | 花期 | | 盛铃期 | 吐絮期 |
| --- | --- | --- | --- | --- | --- | --- | --- |
| | | 现蕾期 | 盛蕾期 | 现花期 | 盛花期 | | |
| $F_0W_0$ | 5月25日 | 6月17日 | 6月30日 | 7月21日 | 7月26日 | 8月12日 | 9月2日 |
| $F_LW_L$ | 5月25日 | 6月17日 | 6月30日 | 7月22日 | 7月26日 | 8月12日 | 9月2日 |
| $F_LW_M$ | 5月25日 | 6月17日 | 6月29日 | 7月18日 | 7月24日 | 8月15日 | 9月4日 |
| $F_LW_H$ | 5月25日 | 6月17日 | 6月29日 | 7月18日 | 7月25日 | 8月15日 | 9月5日 |
| $F_MW_L$ | 5月25日 | 6月17日 | 6月29日 | 7月18日 | 7月23日 | 8月16日 | 9月4日 |
| $F_MW_M$ | 5月25日 | 6月16日 | 6月28日 | 7月16日 | 7月21日 | 8月17日 | 9月6日 |
| $F_MW_H$ | 5月25日 | 6月16日 | 6月28日 | 7月16日 | 7月23日 | 8月16日 | 9月7日 |
| $F_HW_L$ | 5月25日 | 6月16日 | 6月27日 | 7月15日 | 7月23日 | 8月18日 | 9月7日 |
| $F_HW_M$ | 5月25日 | 6月16日 | 6月27日 | 7月14日 | 7月22日 | 8月18日 | 9月7日 |
| $F_HW_H$ | 5月25日 | 6月16日 | 6月27日 | 7月15日 | 7月24日 | 8月18日 | 9月9日 |

表2-3 中度盐渍化土壤下不同灌水处理下棉花生育期

| 水肥处理 | 苗期 | 蕾期 | | 花期 | | 盛铃期 | 吐絮期 |
| --- | --- | --- | --- | --- | --- | --- | --- |
| | | 现蕾期 | 盛蕾期 | 现花期 | 盛花期 | | |
| $F_0W_0$ | 5月27日 | 6月20日 | 7月3日 | 7月24日 | 7月29日 | 8月12日 | 9月6日 |
| $F_LW_L$ | 5月28日 | 6月20日 | 7月3日 | 7月25日 | 7月29日 | 8月12日 | 9月6日 |
| $F_LW_M$ | 5月27日 | 6月19日 | 7月1日 | 7月20日 | 7月26日 | 8月17日 | 9月6日 |
| $F_LW_H$ | 5月27日 | 6月19日 | 7月1日 | 7月20日 | 7月26日 | 8月16日 | 9月6日 |
| $F_MW_L$ | 5月27日 | 6月20日 | 7月1日 | 7月21日 | 7月26日 | 8月18日 | 9月6日 |
| $F_MW_M$ | 5月27日 | 6月17日 | 6月29日 | 7月17日 | 7月22日 | 8月19日 | 9月8日 |
| $F_MW_H$ | 5月26日 | 6月18日 | 6月29日 | 7月16日 | 7月23日 | 8月17日 | 9月8日 |
| $F_HW_L$ | 5月27日 | 6月19日 | 6月29日 | 7月18日 | 7月27日 | 8月19日 | 9月7日 |
| $F_HW_M$ | 5月27日 | 6月18日 | 6月29日 | 7月16日 | 7月23日 | 8月21日 | 9月9日 |
| $F_HW_H$ | 5月27日 | 6月18日 | 6月28日 | 7月15日 | 7月25日 | 8月18日 | 9月10日 |

## 2.1.2 不同灌水处理对棉花生育期株高变化规律的影响

株高是描述作物生长的基本生育指标之一。用米尺测棉花的株高是从6月20日（棉花植株的现蕾期）开始一直测到棉花植株打顶（7月10日）后的7天，在这段时间每

7～10天测量记录一次棉花的株高。由图2-2和图2-3可知，棉花的株高随生育期的推进不断增加，株高在轻度和中度含盐土壤上的变化规律基本一致。在棉花的盛蕾期—现花期（7月1—11日）之间株高的增加最为明显，棉花打顶（7月10日）后棉花的株高没有大幅度的增加，如7月21日较7月11日没有显著变化。棉花的株高随着施肥量和灌水量的增加呈逐渐上升的趋势，轻度盐渍化土壤在高灌水量中度施肥条件下，棉花株高平均值分别达到最大值73cm，与低灌水量和中灌水量处理相比较分别平均增加17.4cm和4.4cm；随着盐分胁迫程度的增加，棉花株高不断降低。在现花期（7月中旬）之后，轻度盐分土壤下各灌水处理的株高要比中度盐分土壤下各灌水处理的株高高9.3%～11.3%。这是因为随着盐分胁迫的增加，土壤对棉花根系的渗透胁迫会相应增加，渗透胁迫导致棉花根系吸水困难。

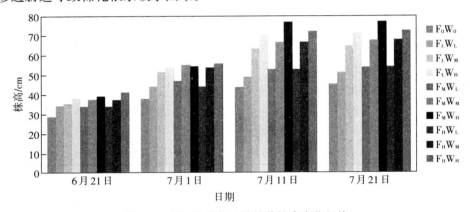

图2-2　轻度盐渍化土壤棉花株高变化规律

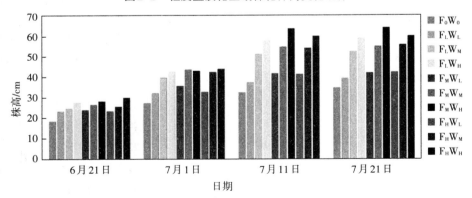

图2-3　中度盐渍化土壤棉花株高变化规律

表2-4　不同盐分土壤轻度灌溉水处理对棉花植株高度的影响

| 轻度处理 | 6月21日 | 7月1日 | 7月11日 | 7月21日 |
| --- | --- | --- | --- | --- |
| $F_0W_0$ | 27.4e | 36e | 41.5f | 43.2f |
| $F_1W_L$ | 32.4d | 41f | 46.4fg | 48.6g |
| $F_1W_M$ | 33.4cd | 48.8cd | 60cd | 61.3de |

表2-4（续）

| 轻度处理 | 6月21日 | 7月1日 | 7月11日 | 7月21日 |
|---|---|---|---|---|
| $F_LW_H$ | 36.4abc | 51.2b | 66.8bc | 67.4d |
| $F_MW_L$ | 32d | 44.7d | 50.2f | 51ef |
| $F_MW_M$ | 35.6bc | 52.4a | 63.2d | 64bcd |
| $F_MW_H$ | 37.2ab | 51.8a | 72.6a | 73a |
| $F_HW_L$ | 32.1d | 41.8ef | 50.1f | 51.4f |
| $F_HW_M$ | 35.4c | 51.1bc | 63d | 64.4de |
| $F_HW_H$ | 39a | 53a | 68.4b | 68.8b |

注：同列数据后不同字母[①]表示差异显著（$P < 0.05$），表中植株高度值为3次所测平均值。

表2-5 不同盐分土壤中度灌溉水处理对棉花植株高度的影响

| 中度处理 | 6月21日 | 7月1日 | 7月11日 | 7月21日 |
|---|---|---|---|---|
| $F_0W_0$ | 18.5e | 27.3e | 32.5f | 34.6f |
| $F_LW_L$ | 23.4d | 32f | 37.4g | 39.2d |
| $F_LW_M$ | 24.6c | 39.5cd | 51cd | 52.3de |
| $F_LW_H$ | 27.4abc | 42.6b | 57.8bc | 58.8g |
| $F_MW_L$ | 23.9d | 35.7a | 41.7f | 42bcd |
| $F_MW_M$ | 26.7bc | 43.4a | 54.7d | 55ef |
| $F_MW_H$ | 28.2ab | 42.9a | 63.3a | 64a |
| $F_HW_L$ | 23.3d | 32.7ef | 41.1f | 42.2de |
| $F_HW_M$ | 25.6c | 42.1cd | 54cd | 55.7de |
| $F_HW_H$ | 30a | 44a | 59.7f | 59.8b |

注：同列数据后不同字母表示差异显著（$P < 0.05$），表中植株高度值为3次所测平均值。

由表2-4、表2-5可知，在棉田的轻度盐渍化及中度盐渍化的土壤上，$F_LW_H$、$F_MW_H$、$F_HW_M$、$F_MW_M$处理情况下的棉花株高没有明显差异，表明在轻度及中度盐渍化的土壤上定量地节约水资源对棉花的生长发育没有太大的影响。不论是在轻度或中度盐渍化的土壤上，低灌水量的基础条件下（$F_LW_L$、$F_MW_L$、$F_HW_L$处理），其他各施肥处理的棉花株高明显比低灌水量处理要高。灌一定量的水可将土壤里的盐分淋洗到土壤更深处，在含盐土壤中，灌水量较低时，土壤中的水不能将土壤中的盐分淋洗到土壤深层，会使土壤中的盐分在土壤表层聚集，从而导致棉花的根系吸水困难。棉田低灌水量和施肥不会改变土壤的水分状况，会使土壤中盐分离子增多，使盐分胁迫更严重，从而使棉花植

① 不同字母即：F为肥，W为水，L为低处理，M为中处理，H为高处理，O为对照未处理，$F_LW_L$是水和肥低处理，$F_MW_M$为水和肥中处理，$F_HW_H$为水和肥高处理，$F_LW_M$为肥低处理，水中处理；$F_LW_H$为肥低处理，水高处理；$F_MW_L$为肥中处理，水低处理；$F_MW_H$为肥中处理，水高处理；$F_HW_L$为肥高处理，水低处理；$F_HW_M$为肥高处理，水中处理。下文中出现的字母意思同上。

株的生长发育受到影响。

### 2.1.3 不同灌水处理及施肥对棉花茎粗的影响

棉花茎主要是横向生长，茎粗是衡量棉花生长的重要指标之一。当棉花自身体内水势和生长发生变化时，其茎粗会发生相应的变化，茎粗是对棉花周围环境因素与体内水分状况最直观的反应。当灌水量充足时棉花茎粗会增大，水分亏缺时棉花茎粗相应减小。从作物生理角度讲，棉花叶片、蕾、铃的生长发育与植株体内水分状况密切相关，而棉花的茎粗直接影响各个器官的生长发育，影响棉花铃的形成时间、脱落程度、光合作用及吐絮期时间。棉花茎在合理的灌水条件下能够较好地生长，对棉花产量与生殖生长有重要的作用。

由图2-4及2-5可以看出，棉花生育期内茎粗的变化规律在轻度盐渍化土壤和中度盐渍化土壤上基本一致。各灌水处理的茎粗在轻度和中度盐渍化土壤上差异不明显。说明棉花茎粗受盐分影响不显著。6月21日，棉花刚进入花蕾期，由于棉花自身茎粗生长较缓慢，棉花茎粗受灌水量和施肥量影响较小，轻度盐渍化土壤和中度盐渍化土壤之间无显著影响，灌水量水平相同时灌水效应及不同施肥量对棉花茎粗的影响无显著性差异。由于棉花在盛蕾期（6月21日—7月1日）处于营养生长阶段，在此期间棉花茎粗生长开始加快，在相同灌水水平下，茎粗会随着施肥量的增加而显著增加，不同的施肥处理下，无论是轻度还是中度盐渍化土壤皆对棉花的茎粗产生显著性差异。棉花茎粗在高灌水水平处理下，由于水分充足使得肥料充分溶解，促进棉花植株根系的吸收。

表2-6、表2-7显示出棉花的植株从生长过程中的苗期到棉花现蕾期（6月21日至7月21日），同一施肥量处理下不同灌水量对棉花植株茎粗没有显著影响。这个生育期主要是棉花根系的生长发育，对需水量要求不是太高，从而加强棉花在这一时期的抗旱性。棉花植株进入盛蕾期后，棉花植株茎粗受不同灌水水平的影响呈现显著水平，棉花植株在极需要水分的情况下，对棉花植株茎粗有很大的区别使棉花植株的茎粗在相同的施肥情况下，低灌溉水处理的棉花植株的茎粗最小，高灌溉水处理的棉花植株的茎粗最高。

在棉田轻度及中度的盐渍化土壤上 $F_LW_H$ 处理较 $F_LW_L$ 处理的情况下，棉花植株茎粗分别增加了26.4%、36.7%，随着不同的灌水量和施肥量的增加植株茎粗差异相应加大。在棉花花铃期，植株的耗水量达到最大值，是因为气温回升导致植株对水分的需求量较大。7月11日，在棉田轻度及中度的盐渍化土壤上，$F_HW_H$ 较 $F_HW_L$ 棉花植株的茎粗分别增加9.5%、10.9%；$F_MW_H$ 处理较 $F_MW_M$、$F_MW_L$ 处理棉花植株的茎粗相各增长8.7%、5.8%、10.2%、15.3%；$F_LW_H$ 处理较 $F_LW_L$ 处理增加10.9%、12.7%。7月21日 $F_MW_H$ 处理较 $F_MW_W$、$F_MW_L$ 处理棉花植株的茎粗增长14.4%、24%、16.3%、27.2%；$F_LW_H$ 处理相较 $F_LW_L$ 处理各增长18.3%、20.9%。说明在相同施肥水平下，不同灌水量对茎粗的影响进一步加大，当施肥量相同时，茎粗的最大值出现在高灌水水平下，茎粗的最小值出现在低灌水水平下。即在相同的施氮水平下，灌水水平对茎粗的影响为高水（4700 m³·hm⁻²）＞中水（4100 m³·hm⁻²）＞低水（3500 m³·hm⁻²）。

综上所述，在不同的灌水量和施肥量下，对棉花植株的茎粗产生最佳效益的情况是在中水中肥的处理下。

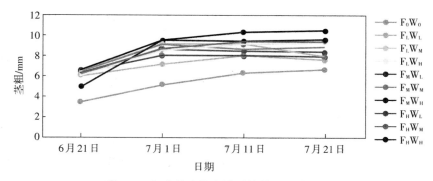

图2-4　轻度盐渍化土壤对棉花茎粗的影响

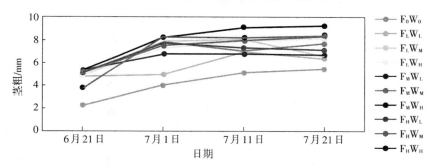

图2-5　中度盐渍化土壤对棉花茎粗的影响

表2-6　不同盐分土壤轻度灌水处理下对棉花茎粗的影响

| 轻度处理 | 6月21日 | 7月1日 | 7月11日 | 7月21日 |
|---|---|---|---|---|
| $F_0W_0$ | 3.5c | 5.2e | 6.3e | 6.6c |
| $F_LW_L$ | 6abc | 7.2e | 8.1c | 7.6e |
| $F_LW_M$ | 6b | 9.1abc | 9.2b | 7.8cd |
| $F_LW_H$ | 6b | 8.5cd | 9.1b | 9.3ab |
| $F_MW_L$ | 6.5a | 8d | 8c | 7.9d |
| $F_MW_M$ | 6.3ab | 9a | 8.6c | 8.9b |
| $F_MW_H$ | 6.5ab | 9.3ab | 10.3a | 10.4a |
| $F_HW_L$ | 6.3ab | 8.6cd | 8.5c | 8.3c |
| $F_HW_M$ | 6.4ab | 8.7bc | 9.1b | 9.5ab |
| $F_HW_H$ | 5a | 9.4a | 9.4b | 9.6b |

注：同列数据后不同字母表示差异显著（$P<0.05$），表中棉花植株茎粗值为3次所测平均值。

表 2-7　不同盐分土壤中度灌水处理下对棉花茎粗的影响

| 中度处理 | 6月21日 | 7月1日 | 7月11日 | 7月21日 |
|---|---|---|---|---|
| $F_0W_0$ | 2.3c | 4e | 5.1e | 5.4c |
| $F_LW_L$ | 4.8b | 5e | 6.9c | 6.4e |
| $F_LW_M$ | 4.8abc | 7.9cd | 8b | 6.6b |
| $F_LW_H$ | 4.8b | 7.3abc | 7.9b | 8.1ab |
| $F_MW_L$ | 5.3a | 6.8d | 6.8c | 6.7cd |
| $F_MW_M$ | 5.1ab | 7.8a | 7.c | 7.7cd |
| $F_MW_H$ | 5.3ab | 8.1ab | 9.1a | 9.2a |
| $F_HW_L$ | 5.1ab | 7.7cd | 7.3c | 7.1ab |
| $F_HW_M$ | 5.2ab | 7.5bc | 7.9b | 8.3c |
| $F_HW_H$ | 3.8a | 8.2a | 8.2b | 8.4b |

注：同列数据后不同字母表示差异显著（$P<0.05$），表中棉花植株茎粗值为3次所测平均值。

## 2.1.4　不同灌水处理对棉花生育期叶面积指数变化规律的影响

叶面积指数指单位面积上叶面积总和，是表示棉花光合作用状况和生长发育情况的常用指标之一。棉花进行光合作用主要是通过叶片进行的。叶片的光合作用影响棉花干物质的累积量，棉花90%~95%的干物质累积通过叶片的光合作用合成，棉花光合作用效率的高低影响籽棉产量的形成及棉花的品质，因此，棉花的生长发育受叶片的数量及大小的影响较大。所以，掌握棉花生育期内叶面积指数的变化过程，研究灌水处理对棉花生长发育的影响程度有重要意义。

由图2-6和图2-7可知，在轻度和中度盐分土壤上，棉花叶面积指数在不同水氮处理下的生长过程表现为先增加后减小，在轻度和中度盐分土壤上总体变化趋势一致。叶面积指数最大值出现在棉花花铃期，棉花的叶面积随着土壤盐分的增加及棉花生育期的推进逐渐减小。棉花从苗期至蕾期（棉花出苗到7月2日），这一时期棉花生长发育较为缓慢，不同灌水量与施肥量对棉花叶面积指数影响不大，差异不显著；不同灌水量与施肥量对棉花叶面积指数影响不大，差异不显著。

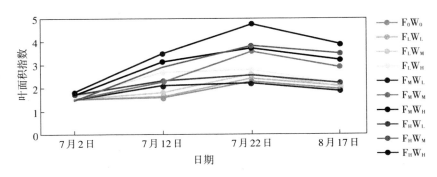

**图2-6 轻度盐渍化土壤对棉花叶面积指数的影响**

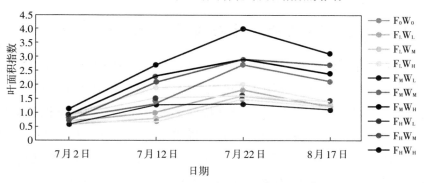

**图2-7 中度盐渍化土壤对棉花叶面积指数的影响**

由表2-8、表2-9可知，在盐渍化土壤上，若灌水量不足，增加施肥会抑制棉花植株叶面积的增加，只有灌水量达到一定水平后，肥料才能起到一定的作用，促进棉花叶面积的增长。

**表2-8 轻度灌水处理对棉花植株叶子的大小指数的影响**

| 轻度处理 | 7月2日 | 7月12日 | 7月22日 | 8月17日 |
|---|---|---|---|---|
| $F_0W_0$ | 1.6bc | 1.6g | 2.3g | 2e |
| $F_LW_L$ | 1.5bc | 1.7gh | 2.4e | 2.1d |
| $F_LW_M$ | 1.5bc | 1.8g | 2.6d | 2e |
| $F_LW_H$ | 1.6ab | 2.7f | 2.8c | 2.2d |
| $F_MW_L$ | 1.5bc | 2.1f | 2.2f | 1.9e |
| $F_MW_M$ | 1.6ab | 2.2ef | 3.6b | 2.9c |
| $F_MW_H$ | 1.6ab | 3.1c | 3.7b | 3.2b |
| $F_HW_L$ | 1.7b | 2.3d | 2.5d | 2.2d |
| $F_HW_M$ | 1.5bc | 2.9b | 3.8b | 3.5b |
| $F_HW_H$ | 1.8a | 3.5a | 4.8a | 3.9a |

注：同列数据后不同字母表示差异显著（$P < 0.05$），表中植株叶子大小的指数为3次所测平均。

**表2-9 中度灌水处理对棉花植株叶子的大小指数的影响**

| 中度处理 | 7月2日 | 7月12日 | 7月22日 | 8月17日 |
|---|---|---|---|---|
| $F_0W_0$ | 0.7bc | 0.7g | 1.5g | 1.2e |
| $F_LW_L$ | 0.6bc | 0.8gh | 1.6e | 1.3d |
| $F_LW_M$ | 0.7bc | 1f | 1.8b | 1.2e |
| $F_LW_H$ | 0.9b | 1.9d | 2d | 1.4d |
| $F_MW_L$ | 0.6bc | 1.3g | 1.3d | 1.1e |
| $F_MW_M$ | 0.8ab | 1.4ef | 2.7f | 2.1c |
| $F_MW_H$ | 0.9bc | 2.3b | 2.9b | 2.4b |
| $F_HW_L$ | 0.9ab | 1.5f | 1.6c | 1.4d |
| $F_HW_M$ | 0.7ab | 2.1c | 2.9b | 2.7b |
| $F_HW_H$ | 1.1a | 2.7a | 4a | 3.1a |

注：同列数据后不同字母表示差异显著（$P<0.05$），表中植株叶子大小的指数为3次所测平均。

## 2.1.5 不同灌水处理对棉花干物质量变化规律的影响

干物质是光合作用的产物，是棉花产量形成的基础。棉花植株干物质累积、分配受水分和肥料的影响。从图2-8和图2-9可以看出，在各灌水处理下，由于盐分胁迫影响，中度盐分土壤棉花干物质量低于轻度盐分土壤，棉花干物质累积量变化规律呈S型。7月2—17日，干物质累积量比较缓慢，随着生育期推进，7月17日—8月16日干物质累积量迅速增加并逐渐达到高峰，8月16—31日干物质累积量增长又趋于缓慢。

由表2-10和表2-11可知，从棉花植株出苗到7月2日（棉花生育前期），由于在此期间植株对养分及水分需求不是很强烈，不利于棉花的干物质积累，因此，在相同灌水水平下，棉花植株地上部分干物质积累较缓慢，施肥量对棉花植株干物质累积量影响不显著。干物质累积量随着施肥量的增加不断增加，但无显著差异。在棉花花铃期（7月17日—8月16日），随着生育期推后，棉花植株干物质累积量逐渐增加，并且增长速度不断加快，使棉花地上干物质累积量在8月达到最大值。棉花对养分与水分的需求在花铃期有所增加，在相同灌水水平下，中度与轻度盐渍化土壤上不同施肥处理间存在显著差异，棉花干物质积累受不同施肥量影响显著。干物质累积量在$F_L$最低，$F_H$时最高。

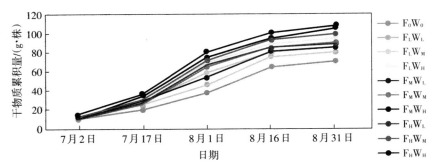

**图2-8 轻度盐渍化对棉花干物质积累的影响**

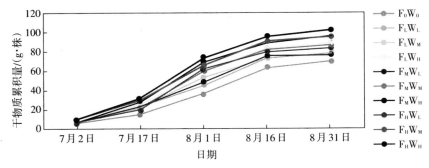

**图2-9 中度盐渍化对棉花干物质积累的影响**

表2-10 轻度灌溉水的处理对棉花植株的干物质累积量的影响

| 轻度处理 | 7月2日 | 7月17日 | 8月1日 | 8月16日 | 8月31日 |
|---|---|---|---|---|---|
| $F_0W_0$ | 10.1e | 19.8e | 37.5f | 64.3ef | 70.2f |
| $F_LW_L$ | 11.3d | 24.6d | 46.16e | 75.3ed | 79.7f |
| $F_LW_M$ | 12.1bc | 26bc | 58.1d | 80d | 84.3de |
| $F_LW_H$ | 12.5ab | 29.8bc | 67.8c | 87.4c | 94.3c |
| $F_MW_L$ | 12.1bc | 28.7b | 53.42d | 81.2cd | 84.2de |
| $F_MW_M$ | 11.2c | 25.9bc | 64.4c | 86.6c | 89.4cd |
| $F_MW_H$ | 12.6ab | 34.5ab | 74ab | 94.45ab | 105.5ab |
| $F_HW_L$ | 11.08c | 25.8bc | 67.3c | 84.1c | 88.1d |
| $F_HW_M$ | 12.6ab | 34.7ab | 69.7bc | 93.6b | 98.8bc |
| $F_HW_H$ | 13.2a | 36.5a | 80.3a | 100.8a | 107.4a |

注：同列数据后不同字母表示差异显著（$P < 0.05$）。

表2-11 中度灌溉水的处理对棉花植株的干物质累积量的影响

| 中度处理 | 7月2日 | 7月17日 | 8月1日 | 8月16日 | 8月31日 |
|---|---|---|---|---|---|
| $F_0W_0$ | 6.2e | 14.9e | 36.6f | 63.4ef | 69.3f |
| $F_LW_L$ | 6.2d | 23.7bc | 45.1e | 74.4e | 78.8f |
| $F_LW_M$ | 7.3bc | 21.9b | 53.3d | 74.6cd | 78.7de |
| $F_LW_H$ | 7.2ab | 24.7bc | 61.3c | 82.4c | 88.2d |
| $F_MW_L$ | 7.3bc | 23.4d | 48.3d | 76.6d | 77.9de |
| $F_MW_M$ | 7.4c | 21.4bc | 60.55c | 82.1c | 85.5ab |
| $F_MW_H$ | 7.06c | 29.3ab | 69.56bc | 89.3b | 95.3bc |
| $F_HW_L$ | 6.7ab | 20.1bc | 62c | 79.6c | 83.5c |
| $F_HW_M$ | 8.6ab | 30.9ab | 65.8ab | 89.9ab | 94.9ab |
| $F_HW_H$ | 8.3a | 31.2a | 74.5a | 95.23a | 101.5a |

注：同列数据后不同字母表示差异显著（$P < 0.05$）。

在棉花生育前期轻度与中度盐渍化土壤上，施肥量相同时，不同灌水水平对棉花干物质累积没有显著影响。棉花进入花铃期（7月17日—8月16日），随着棉花生长发育进程加快，施肥量相同、不同灌水水平对棉花干物质累积量影响显著。

8月1日，在轻度和中度盐渍化土壤上，$F_LW_H$处理比$F_LW_M$、$F_LW_L$处理分别高14.3%、31.9%，13.1%、26.4%；$F_LW_M$处理比$F_LW_L$处理分别高20.6%、15.4%。$F_MW_M$处理比$F_MW_M$、$F_MW_L$在轻度与中度盐分上分别增加12.9%、27.8%，13.0%、30.6%；$F_MW_M$处理比$F_MW_L$处理分别高17.1%、20.2%。轻度与中度盐渍化土壤上施肥水平下，$F_HW_H$处理比$F_HW_M$、$F_HW_L$处理高13.2%、16.2%，11.7%、16.8%；$F_HW_M$处理比$F_HW_L$处理分别高

3.4%、5.8%。说明干物质的累积量随灌水量的增加而增加，不同灌水量对棉花地上部分干物质积累影响存在差异并且差异在增大，表现为高水处理＞中水处理＞低水处理。在8月16日，不同灌水量对干物质积累呈现极显著水平。

由以上可以得出，不同灌水量之间的差异随着施肥量的增加有所减小，说明由于水分亏缺造成的干物质累积量不足可以通过增加施肥量进行弥补。干物质在$W_L$水平下由于水分亏缺严重，累积量最低。到9月1日（棉花吐絮期），不同灌水水平对干物质累积量影响依然显著，但是较之前开始减弱，这就说明棉花植株地上部分干物质累积量的形成水分的效应大于施肥效应水分，占主导作用。植株地上部分干物质累积量的形成受水肥耦合效应的影响极大，呈极显著水平，在灌水量为4700 $m^3 \cdot hm^{-2}$施肥量为260 $kg \cdot hm^{-2}$时达到最大。综上所述，在灌水充足条件下，干物质累积量的形成最佳的水肥耦合为$W_H F_M$。因此，适宜的灌水量和施肥量能有效地促进棉花健康生长及棉花地上部分干物质的累积。

## 2.2　不同灌水条件下棉花产量及水分利用效率研究

### 2.2.1 不同灌水处理对棉花产量的影响

图2-10为不同盐分土壤水肥处理对棉花籽棉产量的影响，由图2-10可知，轻度盐分土壤处理棉花产量较中度盐分土壤处理棉花产量分别提高42.1%、31.6%、31.4%、32.4%、28.4%、27.2%、27.5%、28.5%、26.1%、26.2%。说明盐分对产量的影响较大，抑制了棉花的生长发育。

在棉田土壤的轻度盐渍化下，$F_0 W_0$处理下的棉花植株产量明显低于其他各灌水处理。$F_M W_H$处理是棉花植株籽棉产量最高的，比其他灌水处理的棉花植株籽棉产量显著提高。在相同的灌溉处理下，增加施肥量能提高棉花植株籽棉产量，但棉花植株籽棉的产量当施肥量高于260 $kg \cdot hm^{-2}$之后开始下降。

在高灌水水平下，$F_M W_H$处理与$F_H W_H$处理之间差异不显著，$F_H W_H$处理与$F_M W_H$处理分别比$F_L W_H$处理高8.3%和8.7%，不同施肥量之间差异性显著。在中水条件下，中水中肥处理对棉花产量影响较高，比如，在中灌水水平下，棉花籽棉产量大小为$F_M W_M$处理＞$F_H W_M$处理＞$F_L W_M$处理。

在低灌水水平下，增加施肥可以提高棉花籽棉产量，在低灌水水平下，$F_M W_L$处理较$F_H W_L$处理差异不显著，$F_L W_L$处理较$F_M W_L$、$F_H W_L$处理相比分别低1.5%和0.3%，存在显著差异。增加灌水量可以明显提高棉花产量，但是灌水量超过4700 $m^3 \cdot hm^{-2}$时后，产量不再增加，比如，同一施肥水平下，高灌溉水平与中灌溉水平差异不显著，但高灌水处理显著高于低灌水处理。由此可以得出$F_M W_H$水肥耦合处理对棉花籽棉产量的作用最佳。

在棉田土壤中度盐渍化的情况下，在棉田的低灌溉水的处理下，棉花植株的产量是 $F_MW_L>F_HW_L>F_LW_L$ 处理，高肥处理下棉花的产量最少，在棉田的低灌溉水的处理下施肥量过多时会让棉花植株的产量更低；在棉田土壤中灌溉水的处理下，棉花植株的产量是 $F_MW_M>F_HW_M>F_LW_M$ 处理；在棉田的高灌溉水的处理下，棉花植株的产量是 $F_MW_H>F_HW_H>F_LW_H$ 处理，不同的施肥量差异性显著，在棉田的灌溉水量一样时，施中肥的棉花植株籽棉的产量最高。表明在棉田的盐渍化土壤上，相同的灌溉水量，施肥过多的情况都会导致棉花植株的产量变低。在棉田施肥量的高、中、低处理下，棉花植株的产量在棉田的高灌溉水处理及中灌溉水处理下没有明显差异，但是都会比低灌水处理下的棉花籽棉的产量高。综上所述，在中度盐渍化土壤上，过多的灌水和施肥都会造成棉花籽棉产量的下降。

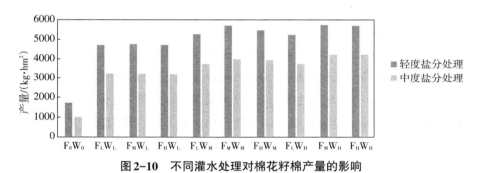

**图2-10 不同灌水处理对棉花籽棉产量的影响**

在低灌水水平下，各施肥处理之间差异不明显，但籽棉产量明显要比中灌水水平和高灌水水平下的各施肥处理低。这是由于作物营养物质的传输以水分作为载体，当水分不足甚至发生水分胁迫时，即使施肥量增加，养分也不能通过充足的水分输送到棉花籽棉中，从而导致产量变低。

在中灌水水平和高灌水水平下，籽棉产量显著高于低氮量，高肥处理和中肥处理的籽棉产量无显著差异。说明作物土壤水分充足时，营养物质通过水分被输送到籽棉当中，使棉花籽棉产量增加。但是过多地增加施肥量会导致棉花籽棉产量降低，这是由于植株体内累积过多的干物质，过多干物质导致棉花植株运转速度变慢。中度盐渍化土壤与轻度盐渍化土壤各水肥处理的规律类似，在中度盐渍化土壤中，土壤离子浓度随着施肥增加而增加，过量地施肥，一方面会加剧根系的盐分胁迫，减少根系与土壤竞争获得的土壤有效水分，降低对营养物质的运输能力；另一方面增加盐浓度使棉花的光合作用受到抑制，使干物质的合成降低，最终导致籽棉产量下降。结果表明，棉花产量达到最高时施肥水平为260 kg·hm⁻²，灌水水平为4700 m³·hm⁻²，与前人研究结果南疆盐渍化土壤施肥量在150～375 kg·hm⁻²，灌水水平在3000～4500 m³·hm⁻²范围基本相同。

## 2.2.2 不同灌水处理下棉花植株水分利用效率研究

棉花植株水分利用效率是棉田实行节水农业的重要标志，影响棉花植株水分利用效率的外界因素包括温度、土壤水分、空气、大气湿度等；另外，作物基因型和品种的差异，对作物水分利用效率也有显著影响。

### 2.2.2.1 水分利用效率计算公式

（1）棉田土壤贮水量计算

$$W = 0.1\sum_{i=1}^{n}W_iH_iD_i \tag{2.1}$$

式（2.1）中，$W$ 为棉田土壤的贮水量（mm）；$W_i$ 为第 $i$ 层棉田土壤重量的含水量（%）；$D_i$ 为第 $i$ 层棉田土壤的容重（g·cm$^{-3}$）；$H_i$ 为第 $i$ 层棉田土层的厚度（cm）。

（2）棉花植株的耗水量（$ET$）用水量平衡法的计算公式如下：

$$ET = \Delta W + P + I + Wg - D - R \tag{2.2}$$

式（2.2）中，$ET$ 为棉花植株的耗水量（mm），$\Delta W$ 为棉花种植及棉花植株收获后棉田贮水量的变化（mm），$P$ 为当地降雨量，$I$ 为灌溉水量，$Wg$ 为棉田的地下水补给量，$D$ 和 $R$ 分别是渗漏的水量及地表径流。因实验棉田土地平坦，无明排，$R$ 可以忽略。

（3）棉花的水分利用效率（$WUE$）的计算

$$WUE = Y/ET \tag{2.3}$$

棉花的水分利用效率（$WUE$）是指棉花植株蒸散的每单位（mm）的水分在单位面积上所生产的经济产量。

式（2.3）中，$Y$ 为棉花植株的籽棉产量（kg·hm$^{-2}$）、$ET$ 为棉花的耗水量（mm）。

（4）棉田的灌溉水利用效率（$IWUE$）的计算

$$IWUE = Y/I \tag{2.4}$$

式（2.4）中，$Y$ 为棉花植株籽棉的产量（kg·hm$^{-2}$），$I$ 为棉花全生育阶段的灌水量，即棉花植株的灌溉水的定额（m$^3$·hm$^{-2}$），$IWUE$ 单位为 kg·m$^{-3}$。

### 2.2.2.2 不同灌水处理对棉花水分利用效率的影响

由图 2-11 和表 2-12、表 2-13 可以看出，在灌水量相同时，随着施肥量增加，灌溉水利用效率（IWUE）也会增多，$F_MW_L$ 处理及 $F_MW_M$ 处理都要比在相同灌水处理下灌水的利用效率高，$F_M$ 处理下灌水的利用效率大于 $F_H$ 处理，但 $F_H$ 处理及 $F_M$ 处理之间无明显差异，由此可知，施肥量过高会降低水的利用效率。在 $W_L$、$W_M$ 灌溉水处理下，施肥量不同时对灌水的利用效率无明显差异，表明棉田的灌水量不足时能提高棉花植株的灌水利用效率，不同的施肥量对灌水利用效率无明显差异，可能是因为棉田灌水量不足时会使施加的肥料利用率变低。在施肥量相同时，随着灌水量的增加，灌水利用效率慢慢降低，灌水量不同时对灌水利用效率有明显的影响，当灌水饱和后，植株不再吸收水分，甚至会因为根系无氧呼吸造成植株死亡，灌水量越多，灌水的利用效率越低。

综上所述，IWUE 随着施肥量增加而增加，随灌水量增加而下降，水肥对棉花植株的 IWUE 的最高效能具有不一致性，关键是如何使水肥利用效率达到最优化。因此，高水肥利用效率的最佳途径是在高灌水下施加适量的施肥以保持棉花较高的水肥利用效率。

表 2-12　轻度灌水处理下对棉花水分的利用效率的影响

| 轻度处理 | 灌溉水平/($m^3 \cdot hm^{-2}$) | 施肥水平/($kg \cdot hm^{-2}$) | 籽棉产量/($kg \cdot hm^{-2}$) | 灌水水分利用效率/($kg \cdot m^{-3}$) |
|---|---|---|---|---|
| $F_0W_0$ | 0 | 0 | 1726.35bc | — |
| $F_LW_L$ | 3500 | 160 | 4725.9ab | 1.350ab |
| $F_MW_L$ | 3500 | 260 | 4741.32a | 1.354a |
| $F_HW_L$ | 3500 | 360 | 4733.41d | 1.352ab |
| $F_LW_M$ | 4100 | 160 | 5273.53c | 1.286d |
| $F_MW_M$ | 4100 | 260 | 5707.46c | 1.392a |
| $F_HW_M$ | 4100 | 360 | 5452.69d | 1.329cd |
| $F_LW_H$ | 4700 | 160 | 5244.69ef | 1.115f |
| $F_MW_H$ | 4700 | 260 | 5747.61e | 1.222e |
| $F_HW_H$ | 4700 | 360 | 5721.22ef | 1.271e |

注：同列数据后不同字母表示差异显著（$P < 0.05$）。

表 2-13　中度灌水处理下对棉花水分的利用效率的影响

| 中度处理 | 灌溉水平/($m^3 \cdot hm^{-2}$) | 施肥水平/($kg \cdot hm^{-2}$) | 籽棉产量/($kg \cdot hm^{-2}$) | 灌水水分利用效率/($kg \cdot m^{-3}$) |
|---|---|---|---|---|
| $F_0W_0$ | 0 | 0 | 999.8bc | — |
| $F_LW_L$ | 3500 | 160 | 3230.7ef | 0.923ab |
| $F_MW_L$ | 3500 | 260 | 3251.75d | 0.929d |
| $F_HW_L$ | 3500 | 360 | 3200.48d | 0.914f |
| $F_LW_M$ | 4100 | 160 | 3773.6e | 0.920a |
| $F_MW_M$ | 4100 | 260 | 4007.74c | 0.997a |
| $F_HW_M$ | 4100 | 360 | 3952.27b | 0.963e |
| $F_LW_H$ | 4700 | 160 | 3750.57ef | 0.797ab |
| $F_MW_H$ | 4700 | 260 | 4248.5c | 0.904cd |
| $F_HW_H$ | 4700 | 360 | 4220.3a | 0.898e |

注：同列数据后不同字母表示差异显著（$P < 0.05$）。

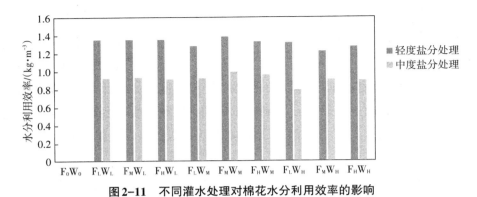

**图2-11  不同灌水处理对棉花水分利用效率的影响**

由以上结果可知：在不同的盐渍化土壤上，不同施肥处理下的棉田灌水的水分利用效率大体上伴着水和肥料用量的增多而降低。棉田的轻度及中度盐渍化土壤上的灌水利用效率各在$F_MW_M$处理时最大，为18.9 kg·hm$^{-2}$和12.7 kg·hm$^{-2}$。当施肥量相同时，棉田灌水的水分利用效率在棉田灌水量高于4100 m$^3$·hm$^{-2}$后降低。当棉田灌溉水量相同时，棉田土壤的水分利用效率在施肥量高于260 kg·hm$^{-2}$后降低。说明在一定范围内，灌水量和施肥量与灌水水分利用效率成正相关，说明提高水分利用效率可以适当增加水肥用量。当棉田的灌溉水量高于4100 m$^3$·hm$^2$、施肥量高于260 kg·hm$^{-2}$后，棉花植株水分和肥料的利用效率会变低。

## 2.2.3  不同灌水处理对土壤含水率的影响

棉花对土壤水分吸收利用的难易程度和强度是由土壤水分的运移规律及状况决定的，对棉花植株的产量及生长发育都有影响。灌水过少土壤盐分不能被淋洗，不利于棉花的生长发育及产量的稳定；灌水过多导致水分渗漏，水分得不到充分利用，不利于节约水资源。因此，适宜的土壤水分环境能使棉花旺盛生长，且有利于棉花根系生长，在棉花的生长发育过程中摸清其土壤水分运移规律至关重要。中度盐分土壤的各水肥处理的含水率高于轻度盐分土壤。

6月17日—9月8日在轻度盐分土壤上，由于灌水对土壤深层影响比较小，所以在棉花生育期选择土壤剖面60 cm以内研究土壤含水率的变化规律，见图2-12。通过研究可知，在高灌水处理下，土壤含水率随着施肥量的增加而逐渐降低。低肥处理下的土壤含水率显著高于高肥和中肥处理，说明在高灌水处理下，低肥处理使土壤含水率更高，这是由于土壤间隙大，水分渗漏加剧。在棉花生育期内中肥水平处理下，不同灌水量对棉花土壤含水率变化的影响，随着棉花生育期的推进，在同一施肥量下高灌水中肥处理下的土壤含水率最高。在7月棉花花铃期，随着灌水次数增加，土壤含水率达到最高，这是由于在此期间土壤蒸发量及植株蒸腾量逐渐增大，棉花的需水量要求增加，此时灌水量最高。到棉花生育后期，随着灌水量和灌水量次数减少，土壤蒸发量及植株蒸腾量降低，棉花对水分的需求逐渐减少，土壤含水率逐渐降低。随着灌水量的增加，土壤含水率逐步增大。灌水量低会使棉花侧根对土壤水分的吸收利用产生不利影响。

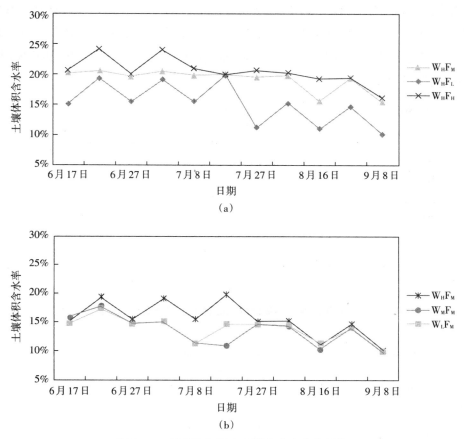

图 2-12　棉花生育期内土壤含水率变化规律

## 2.2.4　不同灌水处理对土壤剖面水分运动的影响

7 月 13 日灌水后，通过不同灌水处理对土壤剖面含水率分布规律的影响情况可以得出，在高肥处理下，随着灌水量的增加，土壤水分向下运移明显，在垂直方向上土壤含水率增大。低灌溉水高肥处理下，含水率随着土层深度增加逐渐变小，土壤水分主要分布在 20～40 cm 处，无深层渗漏现象，水分利用效率高。但棉花进入花铃期后，由于其需水量增加，水分在低水条件下严重亏缺，使棉花的根系生长范围因土壤含水率低而受到限制，不利于棉花的生长发育和增产。在高肥情况下，中灌溉水处理与低灌溉水处理相比较水分主要分布在 60～80 cm 处，且水分向下运移明显。因棉花的主根主要在地下在 60 cm 左右，低肥中灌溉水处理下的水分分布与棉花主根分布深度基本相同，所以，在高肥中灌溉水处理下，可以更好地促进棉花根系对水肥的吸收利用。

高灌水（$W_H$）条件下土壤水分在垂直方向 80 cm 开始向下渗漏，部分水量超过土层，导致水分利用率下降，由于灌水量较大，棉花的营养空间及根系生长范围得到提高，促进棉花对肥料的吸收和利用，从而提高产量。在高灌水（$W_H$）处理下，随着施肥量的增加，土壤含水率降低。$F_HW_H$ 处理和 $F_MW_H$ 处理下的土壤含水率最大值出现在 60 cm 处，土壤含水率在 $F_LW_H$ 处理下主要分布在 20～40cm 处，且最大值出现在 40 cm 处，土壤含水率随土层深度增加逐渐降低，在 100 cm 处，$F_HW_H$ 含水率要比 $F_LW_H$ 和 $F_MW_H$ 大，这样容易引起深层渗漏。

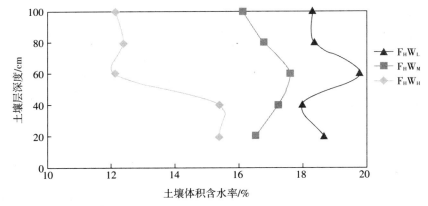

**图2-13　高施肥水平下不同灌溉水处理下土壤剖面含水率分布规律**

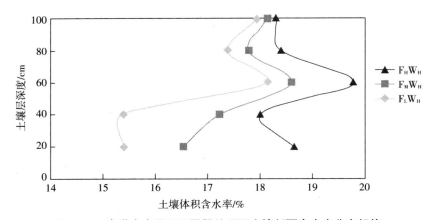

**图2-14　高灌水水平下不同肥处理下土壤剖面含水率分布规律**

本节主要分析了在轻度与中度盐渍化土壤上，高灌水处理和中灌水处理条件下，随着施肥量的增加，肥料的吸收利用率呈现出先升后降的规律。由分析可知，棉花对土壤水分吸收利用的难易程度和强度是由棉田土壤的水分运移规律及其状况决定的，可能会进一步影响棉花的整个生长发育过程及产量。棉田灌水过少，会使棉田土壤中的盐分不能被淋洗，不利于棉花的生长发育及产量的稳定，棉田灌水过多则会导致水分的渗漏，水分得不到充分利用，不利于节约水资源。不同的灌水处理会对土壤的含水率及土壤剖面水分的运动产生影响。由以上内容可以得知，随着灌水量的增加，土壤含水率逐步增大。灌水量低会使棉花侧根对土壤水分的吸收利用产生不利影响，低肥中灌溉水处理下的水分分布与棉花主根分布深度基本相同，在高肥中灌溉水处理下可以更好地促进棉花根系对水肥的吸收利用。

## 2.3　南疆盐渍化地区棉花水分迁移模型模拟

### 2.3.1　土壤含水率模型

SHAW（simultaneous heat and water）模型是由美国农业部农业研究所西北流域研究中心的Flerchinger和Saxton建立的，该模型在模拟土壤剖面中水运动从而预测气候变化和农田管理对径流、土壤温度、水分、溶质、蒸发、作物蒸腾、冠层农田小气候等方面的准确性已经得到验证。

SHAW模型包括大气上边界（气温、风速、湿度、太阳辐射和降水）、层（植被、积雪、残积层）边界和土层下边界之间垂向一维系统中的水。根据土壤物理特征，SHAW模型系统内可分为若干个节点，每个节点具有不同的物理参数。利用该模型可以计算不同时间步长（小时、天）内节点间的水分，最大深度可达4m。

SHAW模型的率定：对2018年免冬灌裸地（NWIB）和免冬灌玉米秸秆覆盖（NWICM）这两个处理过程0～100 cm土壤剖面水分变化进行模拟。气象驱动数据采用2018年的小时气象数据。土壤水力参数根据土壤机械组成、土壤容重，按照VG模型进行计算。选用2018年含水率值对SHAW模型的有关参数进行率定。对模拟值与实测值进行比较。

SHAW模型的检验：采用2018年水分实测资料对模型的模拟效果进行评价，选用模型效率（model efficiency，ME）和标准偏差（root mean square error，RMSE）评价模型精度。

$$ME = 1 - \frac{\sum_{i=1}^{N}\left(Y_i - \hat{Y}_i\right)^2}{\sum_{i=1}^{N}\left(Y_i - \bar{Y}_i\right)^2} \tag{2.5}$$

$$RMSE = \sqrt{\frac{1}{N}\sum_{i=1}^{N}\left(Y_i - \hat{Y}_i\right)^2} \tag{2.6}$$

式中，$Y_i$为观测值；$\bar{Y}_i$为观测值平均值；$\hat{Y}_i$为模拟值；$N$为观测样本数。

## 2.3.2 土壤含水率的模拟检验

选用2018年四个日期的土壤剖面水分对模型进行验证，NWIB 和NWICM 处理土壤含水率模拟值和观测值如图2-15和图2-16所示。NWIB和NWICM处理土壤剖面含水率观测值和模拟值变化趋势一致。在NWIB的处理下，棉田土壤剖面含水率观测值和模拟值差在 $0.34 \sim 2.58$ $cm^3 \cdot cm^3$ 之间，至4月土壤含水率差值在 $0.47 \sim 1.61$ $cm^3 \cdot cm^3$ 之间，该时期模拟值小于观测值。在NWICM的处理下，棉田土壤剖面含水率观测值和模拟值差值在 $0.04 \sim 0.50$ $cm^3 \cdot cm^3$ 之间，到12月，20 cm处模拟值和实测值误差最大，差值为 $5.60$ $cm^3 \cdot cm^3$，其他土壤剖面含水率差值在 $0.91 \sim 2.40$ $cm^3 \cdot cm^3$ 之间，土壤含水率差值在 $0.38 \sim 3.20$ $cm^3 \cdot cm^3$ 之间，4月土壤含水率差值在 $0.72 \sim 3.00$ $cm^3 \cdot cm^3$ 之间。可见，SHAW模型对土壤剖面含水率具有很好的模拟效果。

通过采用SHAW模型对不同时期NWIB和NWICM处理土壤水分进行模拟，并对模型的适用性进行检验表明，土壤水分模拟效果良好，SHAW模型对南疆滴灌棉田生育期土壤水分运移变化的研究是可行的，能较好地模拟生育过程中的水分传输过程，可应用于南疆土壤水分运移模拟，为南疆滴灌棉田土壤水资源调控与预测土壤水分含量及分布提供研究方法。

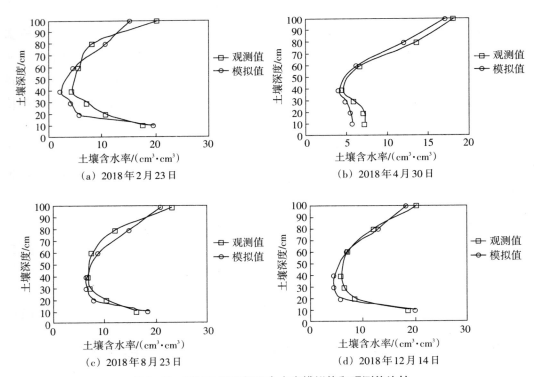

（a）2018年2月23日 　　（b）2018年4月30日

（c）2018年8月23日 　　（d）2018年12月14日

**图2-15　NWIB处理剖面含水率模拟值和观测值比较**

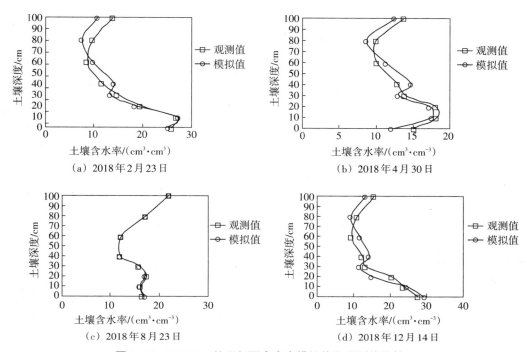

**图2-16　NWICM处理剖面含水率模拟值和观测值比较**

## 2.3.3　水分迁移模拟数学模型

棉田实验区在0～100 cm垂直深度的范围内，棉田土壤质地都是粉砂质壤土。研究棉花植株的水分迁移分布最直接有效的方法是用HYDRUS-2D软件对棉花土壤水分进行数值模拟，为对棉田进行合理的灌水和施肥提供理论依据。

### 2.3.3.1　控制方程

数值模拟是研究水分运移特性的另一有效方式，确立适当的参数和定解条件便能得出精度较高的数值解。根据质量守恒定律和达西定律，对刚性土壤（各向同性且骨架不变形）介质，在滴灌条件下，假设各层土壤为均质，且不考虑温度及气象对土壤水分迁移的影响，土壤水分迁移可简化成线源剖面二维水分运动，其控制方程为：

$$\frac{\partial \theta}{\partial t} = \frac{\partial}{\partial x}\left[K(h)\frac{\partial h}{\partial x}\right] + \left[K(h)\frac{\partial h}{\partial z}\right] + \frac{\partial K(h)}{\partial z} \tag{2.7}$$

式（2.7）中，$x$为横向坐标［L］；$t$为时间［T］；$z$为垂向坐标［L］，向上是正；$K(h)$为非饱和导水率［LT$^{-1}$］；$h$为棉田的土壤负压水头［L］；$\theta$为棉田的土壤体积含水率［L$^3$L$^{-3}$］。

$$\theta D_{xx} = D_L \frac{q_x^2}{|q|} + D_T \frac{q_z^2}{|q|} + \theta D_w \tau \tag{2.8}$$

$$\theta D_{xx} = D_L \frac{q_z^2}{|q|} + D_T \frac{q_x^2}{|q|} + \theta D_w \tau \tag{2.9}$$

$$\theta D_{xz} = \theta D_{zx} = (D_L - D_T) \frac{q_x q_z}{|q|} \tag{2.10}$$

$$\tau = \frac{\theta^{7/3}}{\theta_s^2} \tag{2.11}$$

$q_x q_z$ 分别为 $x$ 和 $z$ 方向上的土壤水分通量 [$LT^{-1}$]；$D_{xx}$，$D_{xz} D_{zz}$ 为水动力弥散系数张量的分量 [$L^2 T^{-1}$]，由式（2.8）~ 式（2.11）式确定。

式中，$D_T$ 及 $D_L$ 为棉田的土壤横向及其纵向弥散度 [$L$]；$D_w$ 为硝态氮在棉田土壤的自由水中的分子扩散系数 [$L^2 T^{-1}$]；$\tau$ 常表示棉田土壤含水率的函数。

### 2.3.3.2 初始条件和边界条件

若棉田土壤各层的土壤的初始含水率沿棉田水平方向均匀分布，棉田土壤水的运动主要是以棉田的垂直方向入渗及蒸散发为主，忽略非饱和水流的滞后效应，模拟棉田土壤的深度范围为 0 ~ 100 cm，则棉田土壤的水分运动的初始条件为：

$$\theta_i(x, z) = \theta_{0i} \quad 0 \le x \le X, \ z_i \le z \le z_i t = 0 \tag{2.12}$$

$$\theta_i(x, z) = \theta_0 \quad 0 \le x \le X, \ z_i \le z \le z_i t = 0 \tag{2.13}$$

式中，$\theta_i$ 为第 $i$ 层棉田的土壤含水率 [$L^3 L^{-3}$]；$\theta_0$ 为 $\theta_i$ 的初始值；$i$ 为土壤的层次，$z_{i\pm}$ 为 $i$ 层土壤上边界的纵坐标 [$L$]；$z_{i\mp}$ 为 $i$ 层土壤上下边界的纵坐标 [$L$]；$X$ 为 $i$ 层土壤右边界的横坐标 [$L$]。

棉田的上边界条件是棉田的土壤表面为大气边界：

$$-K(h)\frac{\partial h}{\partial x} - K(h) = \sigma'(t) \quad z = Z, \ 0 \le x \le X, \ t > 0 \tag{2.14}$$

$$\theta D_{xx} \frac{\partial C}{\partial x} = 0 \quad z = Z, \ 0 \le x \le X, \ t > 0 \tag{2.15}$$

式中，$\sigma'(t)$ 为棉田土壤表面水的流通量 [$LT^{-1}$]，试验过程中取 $\sigma'(t) = 0$。

大气边界仅受蒸发的条件影响：

$$\theta(0, t) = \theta_1(0, t) \quad z = 0, \ t > 0 \tag{2.16}$$

式中，$\theta$ 为棉田的土壤体积含水量（$cm^3 \cdot cm^{-3}$）；$z$ 为棉田的垂直方向空间坐标的变量（cm）；$t$ 为时间变量（d）。

下边界设在 100 cm 处，假设棉田的自由排水及浓度梯度是 0，则下边界条件为：

$$\frac{\partial h}{\partial z} = 0 \quad z = 100, \ 0 \le x \le Z, \ t > 0 \tag{2.17}$$

$$\theta D_{zz} \frac{\partial C}{\partial z} = 0 \quad z = 100, \ 0 \le x \le X, \ t > 0 \tag{2.18}$$

### 2.3.3.3　模型参数

$$\theta_h = \begin{cases} \theta_r + \dfrac{\theta_s - \theta_r}{\left[1 + |\alpha h|^n\right]^m} & h < 0 \\ \theta_s & h \geq 0 \end{cases} \tag{2.19}$$

$$K(h) = K_s S_e^l \left[1 - \left(1 - S_e^{1/m}\right)^m\right]^2 \tag{2.20}$$

$$S_e = K_s S_e^l \left[1 - \left(1 - S_e^{1/m}\right)m\right]^2 \tag{2.21}$$

$$S_e = \frac{\theta - \theta_r}{\theta_s - \theta_r} \tag{2.22}$$

$$m = 1 - 1/n, \quad n > 1 \tag{2.23}$$

式中，$S$ 为棉田土壤的体积的含水率（$L^3 L^{-3}$）；$h$ 为棉田土壤的负压水头（L）；$K_s$ 为棉田土壤的饱和导水率（$L^3 L^{-3}$）；$\theta_r$ 和 $\theta_s$ 各为残余的含水率及棉田土壤饱和的含水率（$L^3 L^{-3}$）；$a$、$n$ 及 $m$ 是拟合的经验参数；$l$ 为孔隙连通性的参数，南疆盐渍化壤土的类型可取 0.5。试验所用的棉田的土壤饱和导水率 $K_s$ 和 VG 模型参数 $\theta_s$，$\theta_r$，$\alpha$，$n$ 是 0.043，0.045，0.450，0.027 及 1.393。棉田纵向弥散度取 0.32 cm，棉田横向弥散度取 0.0032 cm，下边界条件设在 100 cm 处，上边界条件参考南疆当地的平均数据，用 HYDRUS-2D 软件模拟棉田水分在轻度盐渍化土壤上的迁移。

## 2.3.4　棉花土壤水分运移模拟

图 2-17 给出了土壤水分在土壤垂直土壤剖面 100 cm 处的模拟值与实测值的对比结果。在 $F_H W_H$ 处理下，初始值与模拟值由于灌水量充足，部分水量超过土层，导致土壤水分在 80 cm 处开始向下渗漏，降低了水分利用率；在 $F_H W_M$ 处理下，水分向下运移明显，土壤水分主要分布在 60 ~ 80 cm 处，在模拟前后及实测前后，土壤含水量变化不明显，此时的土壤水分分布更接近于棉花主根系分布位置，从而更有利于棉花对水分的吸收，由预测结果可知，此时土壤含水率达到 0.17 $cm^3 cm^{-3}$，既符合棉花种子萌发所需的最低含水率（0.168 $cm^3 cm^{-3}$）要求，又可以节约水资源；在 $F_H W_L$ 处理下，土壤水分主要分布在 20 ~ 40 cm 处，含水率随着土层深度增加逐渐变小，无深层渗漏现象，水利用效率高。在 50 cm 和 60 cm 处出现左凸拐点，土壤含水率较高。模拟结果与实测结果均表明，在 $F_H$ 水平下，$W_H$、$W_M$、$W_L$ 处理的土壤含水率的实测值与模拟值吻合度良好、拟合度较高。HYDRUS-2D 软件可在轻盐度棉田土壤上控制棉花苗期土壤含水率、选择棉花合适的播种时机，保证棉田出苗率，并且节约水资源，为棉花稳产及高产提供理论依据。

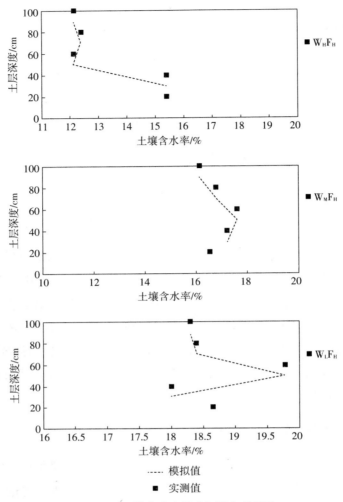

图2-17　土壤含水率的实测值与模拟值

综上所述，本章基于HYDRUS-2D建立了轻度盐分处理条件下水分迁移模拟模型，对棉花水分迁移进行了模拟，通过与试验结果对比，结果表明土壤含水率的迁移模拟结果和实测结果吻合良好。在$F_H W_M$处理下，水分向下运移明显，土壤水分主要分布在$60 \sim 80cm$，此时的土壤水分分布更接近于棉花主根系分布位置，从而更有利于棉花对水分的吸收，既符合棉花种子萌发所需的最低含水率要求，又可以节约水资源。在南疆盐渍化地区，可以通过调控灌水水平来满足作物对水分的需求，提高作物对水分的利用效率，从而提高棉花产量。

# 第3章　滴灌高产棉花氮素迁移研究

本章通过设置两个不同盐分水平，3个灌水处理（3500 m³·hm⁻²、4100 m³·hm⁻²、4700 m³·hm⁻²）与3个施氮处理（160 kg·hm⁻²、260 kg·hm⁻²、360 kg·hm⁻²），不同的水氮处理，系统研究了南疆地区不同盐渍化土壤下，不同水氮处理对棉花的生态指标、水氮利用效率、水氮迁移规律的影响，模拟土壤中水分和硝态氮动态变化，揭示不同盐渍化土壤水氮耦合机理，并提出了适合当地的水氮生产模式。为提高南疆盐渍化地区的棉花产量、水氮利用效率，节约水肥资源提供理论依据，对改良盐渍化土壤，防止环境污染，防止次生盐渍化的发生有着重要的意义。

本章以南疆盐渍化地区经济作物棉花为研究对象，在轻度与中度盐分土壤上开展水氮耦合试验，揭示南疆盐渍化地区土壤棉花水氮耦合机理和土壤中水分氮素迁移规律，并获得最佳的水氮管理模式。分析在不同盐分土壤上不同水氮处理对棉花生理生态指标、水氮利用效率、水土环境的影响，通过大田试验和计算机模拟相结合的方式进行试验研究。在不同盐分土壤水平上开展如下研究。

① 设置轻度和中度两个盐分土壤水平，研究不同的水氮组合处理对棉花的生育期、茎粗、株高、干物质积累量、叶面积的影响，找出盐渍化地区对棉花生长发育最佳水氮耦合模式。

② 研究棉花在不同盐分土壤、不同水氮组合处理及相互定堂关系对棉花产量的影响。在不同盐分土壤下，通过对棉花不同生育期土样与各器官养分的测定，研究不同灌水量和施氮量对棉花水分利用效率及体内养分累积的影响。

③ 研究在不同的盐渍化土壤下，不同的水氮处理下土壤 $NO_3^-$—N 与水分的分布规律，并应用HYDRUS-2D模拟水分和氮素的运移。揭示不同水氮处理下水分与 $NO_3^-$—N 的动态变化规律。

④ 通过以上研究揭示不同盐渍化土壤水氮耦合机理及水氮高效利用模式。

在农田系统中，水分与养分之间、作物与水肥之间、各养分之间处于一种动态平衡关系，它们之间相互促进与制约。这些相互作用对作物的生长发育及产量产生的影响被称为作物的水肥耦合效应，其机理为：在一定的农业生态条件下，农作物对水肥利用效率及其生长发育受水分与肥料（养分N、P、K）相互作用的影响。氮肥是棉花生长的主要限制因子之一，是棉花生长发育过程中需求量最多的营养元素之一，对提高棉花产量起着重要作用。绿色作物进行光合作用的时候必须有土壤氮素，它可以提高光合速率，对光合作用的影响非常大，同时也会影响收获期果实产量。灌溉水盐度和施氮量对棉花根系总干物质质量、棉花平均直径、根体积、棉花根表面积和根长密度及叶面积有很大的影响。合理的灌溉可以提高土壤水分含量，土壤水分含量的提高可以促进作物吸收养分及增强肥料的利用效果。适量增施肥料可以使作物根冠比降低，对光合产物的累积有显著的促进作用。施氮可以使叶片的过氧化物酶、超氧化物歧化酶及可溶性糖处在较高的水平还可以提高水分利用效率，降低水分的消耗，从而使植株的抗旱能力增强。水分与氮素之间互相影响、互相制约，水分不足对营养物质的合成和运转、绿色作物的品质和产量有明显影响，同样，肥力不足对绿色作物吸收和利用水分也有影响。大量地施氮使叶片氮素浓度显著提高，但对植株的生长并没有明显的促进作用。施氮处理可以提高灌水利用效率，中水中氮处理使作物的光合能力显著提高。水氮耦合存在阈值反应，高于阈值，玉米产量增加不明显；低于阈值，玉米产量随水氮投入量的增加而增加。在盐渍化土壤中水氮过多使玉米的产量降低，因此在盐渍化地区影响玉米产量的主要因素是土壤中的水分。

# 3.1　水氮盐处理对棉花生长的影响

## 3.1.1　水氮盐处理对棉花生育期的影响

水氮用量在不同盐度棉田中对棉花的生育期有不同的影响。从表3-1和表3-2可以看出，在轻度盐渍化土壤和中度盐渍化土壤上，整体来说棉花各个生育期在中度盐渍化土壤上比轻度盐渍化土壤上晚2~3天，在$W_HF_H$处理下，棉花各个生育期出现时间无明显差异。棉花苗期—现蕾期在各水氮处理下生育期只相差1天，棉花进入盛蕾期之后，不同水氮处理使生育期存在一定的差异。在低灌溉定额（$W_LF_L$、$W_LF_M$、$W_LF_H$处理）下，中度与轻度盐分土壤在同一灌溉水平下，中氮（$F_L$）处理比高氮（$F_H$）处理使得棉花盛花期—吐絮期均提前1~2天，低氮（$F_L$）处理比中氮（$F_M$）处理盛铃期提前2~4天，吐絮期提前2~3天，现花期延迟3~6天，盛蕾期延迟2~3天。$W_MF_M$处理较$W_MF_H$处理苗期—盛蕾期无差异，现花期—盛花期提前2天，盛铃期—吐絮期均延迟2天，较$F_L$处理蕾期提前1~2天，花期提前6天，盛铃期—吐絮期均延迟5天。$W_HF_H$处理较$W_HF_H$处理现花期—盛花期延迟1~2天，盛铃期—吐絮期均提前2天，较$W_HM_L$处理盛铃期提前6~7天，吐絮期提前1~3天，盛蕾期延迟1~2天，盛花期延迟3~5天。含盐量越高，棉花的出苗时间越晚，在中度盐分土壤中，高水灌溉处理与中水灌溉处理要比低水灌溉处理出苗早1~2天，说明在灌水量充分的条件下，可以稀释土壤中的盐分，有利于棉花的出苗。

表3-1 轻度盐渍化土壤下不同水氮处理棉花生育期（月/日）

| 水氮处理 | 苗期 | 蕾期 | | 花期 | | 盛铃期 | 吐絮期 |
|---|---|---|---|---|---|---|---|
| | | 现蕾期 | 盛蕾期 | 现花期 | 盛花期 | | |
| $W_0F_0$ | 5/25 | 6/17 | 6/30 | 7/21 | 7/26 | 8/12 | 9/2 |
| $W_LF_L$ | 5/25 | 6/17 | 6/30 | 7/22 | 7/26 | 8/12 | 9/2 |
| $W_LF_M$ | 5/25 | 6/17 | 6/29 | 7/18 | 7/23 | 8/16 | 9/4 |
| $W_LF_H$ | 5/25 | 6/16 | 6/27 | 7/15 | 7/24 | 8/17 | 9/5 |
| $W_MF_L$ | 5/25 | 6/17 | 6/29 | 7/18 | 7/24 | 8/15 | 9/4 |
| $W_MF_M$ | 5/25 | 6/16 | 6/28 | 7/16 | 7/21 | 8/17 | 9/6 |
| $W_MF_H$ | 5/25 | 6/16 | 6/27 | 7/14 | 7/22 | 8/18 | 9/7 |
| $W_HF_L$ | 5/25 | 6/17 | 6/29 | 7/18 | 7/24 | 8/15 | 9/5 |
| $W_HF_M$ | 5/25 | 6/16 | 6/28 | 7/16 | 7/23 | 8/16 | 9/7 |
| $W_HF_H$ | 5/25 | 6/16 | 6/27 | 7/15 | 7/24 | 8/18 | 9/9 |

表3-2 中度盐渍化土壤下不同水氮处理棉花生育期（月／日）

| 水氮处理 | 苗期 | 蕾期 | | 花期 | | 盛铃期 | 吐絮期 |
|---|---|---|---|---|---|---|---|
| | | 现蕾期 | 盛蕾期 | 现花期 | 盛花期 | | |
| $W_0F_0$ | 5/27 | 6/20 | 7/3 | 7/24 | 7/29 | 8/12 | 9/6 |
| $W_LF_L$ | 5/28 | 6/20 | 7/3 | 7/25 | 7/29 | 8/12 | 9/6 |
| $W_LF_M$ | 5/27 | 6/20 | 7/1 | 7/21 | 7/26 | 8/18 | 9/6 |
| $W_LF_H$ | 5/27 | 6/19 | 6/29 | 7/18 | 7/27 | 8/19 | 9/7 |
| $W_MF_L$ | 5/27 | 6/19 | 7/1 | 7/20 | 7/26 | 8/17 | 9/6 |
| $W_MF_M$ | 5/27 | 6/17 | 6/29 | 7/17 | 7/22 | 8/19 | 9/8 |
| $W_MF_H$ | 5/27 | 6/18 | 6/29 | 7/16 | 7/23 | 8/21 | 9/8 |
| $W_HF_L$ | 5/27 | 6/19 | 7/1 | 7/20 | 7/26 | 8/16 | 9/6 |
| $W_HF_M$ | 5/26 | 6/18 | 6/29 | 7/17 | 7/24 | 8/17 | 9/8 |
| $W_HF_H$ | 5/27 | 6/18 | 6/28 | 7/15 | 7/25 | 8/18 | 9/10 |

## 3.1.2 水氮盐处理对棉花生育期株高变化规律的影响

株高是描述作物生长的基本生育指标之一。测量棉花的株高从6.20（现蕾期）开始，直到测量至棉花打顶（7月10日）后7天，在此期间每7～10天测一次棉花株高。由图3-1和图3-2可知，棉花的株高随生育期的推进不断增加，株高在轻度和中度含盐土壤上的变化规律基本一致。在棉花的盛蕾期—现花期（7月1—11日）之间株高增加得最为明显，棉花打顶（7月10日）后棉花的株高没有大幅度的增加，如7月21日较7

月 11 日没有显著变化。棉花的株高随着施氮量和灌水量的增加呈逐渐上升的趋势，轻度盐渍化土壤上在高灌溉水量中度施氮条件下，棉花株高平均值达到最大值73 cm，与低灌水量和中灌水量处理相比较平均增加 17.4 cm 和4.4 cm；随着盐分胁迫的增加棉花株高不断降低。在现花期之后，轻度盐分土壤下各水氮处理（$W_0F_0$-$W_HF_H$）的株高要比中度盐分土壤下各水氮处理（$W_0F_0$-$W_HF_H$）的株高高9.3%～11.3%。这是因为随着盐分胁迫的增加，土壤对棉花根系的渗透胁迫会相应地增加，渗透胁迫导致棉花根系吸水困难。土壤盐分高限制氮肥的硝化水解，使棉株吸氮量减少，导致棉花氮素亏缺。最终导致不同盐分土壤棉花株高具有明显的差异。

由表3-3和表3-4可以看出，6月21日，在灌水水平相同时，施肥量对棉花的株高没有显著影响，在低灌水水平（$W_L$）下，不同施肥量对株高影响不大，没有显著差异，在高灌水水平（$W_H$）下，随着施肥量增加，棉花株高也升高，但差异不显著。当灌水水平由$W_L$上升到$W_M$、$W_H$时，株高随施肥量有所增长，但差异不显著。到7月1日（棉花盛蕾期），在灌水水平相同时，株高随着施肥量的增加而增加，此时出现显著差异，但是当施肥量达到一定水平时株高不会出现显著差异。如$W_HF_M$处理与$W_HF_H$处理相比，棉花株高之间没有显著差异，而$F_L$与$F_H$、$F_M$相比随着施肥量的增加，株高出现显著差异；在$W_M$、$W_L$水平下也有类似情况。7月份，棉花进入花期，这个阶段棉花生殖生长开始，营养生长加快，棉花株高随施肥量和灌水量的增加而增加，灌水水平相同时，施肥量过高时棉花株高不会再随施氮量的变化而发生变化，在轻度含盐土壤和中度含盐土壤上，$W_HF_M$处理比$W_HF_L$处理株高分别增长了3.03%、2.73%；$W_HF_H$处理与$W_HF_M$处理相比较分别增长了2.3%、2.5%，因为棉花需水量最大时期是花期，在灌水量充足时水分可以促进棉花对肥料的吸收，在轻度和中度盐分土壤上，不同施肥量对棉花株高产生显著影响，而在$W_LF_L$-$W_LF_H$灌水水平下，由于灌水量小，棉花受到严重的亏水，严重影响植株对肥料的吸收利用，使得株高随施肥量的变化没有显著差异。在棉花打顶后，棉花株高增长缓慢，不会发生较大变化。由以上分析可知：随着棉花生育期的推进，当灌水量充足时，不同施肥量对株高的影响从无差异到差异逐渐增加，但高施肥量影响有限。6月21日，在轻度盐分土壤上，$W_LF_H$处理较$W_MF_H$处理增加9.3%，在中度土壤上增加8.9%，$W_MF_H$处理较$W_MF_M$处理分别增加9.2%、14.6%；在7月1日，$W_MF_M$处理较$W_LF_M$处理分别增加10.1%、11.9%，与$W_LF_M$相比较分别增加13.9%、15.2%，说明在相同施氮量条件下，对株高的影响程度为$W_H > W_M > W_L$，随着棉花生育期的推进，棉花对水分的需求逐渐增大，使棉花株高在不同灌水水平下的差异逐渐加大，在$W_L$灌水水平下，棉花会受到水分胁迫。

在轻度盐渍化土壤和中度盐渍化土壤上，$W_HF_L$、$W_MF_M$、$W_MF_H$、$W_MF_M$处理的棉花株高没有明显差异，说明在轻度盐渍化土壤和中度盐渍化土壤上适当地节水节氮对棉花的生长发育影响不大。无论在轻度还是中度盐渍化土壤上，低灌水量条件下（$W_LF_L$、

$W_LF_M$、$W_LF_H$处理），其他各氮肥处理的株高明显高于低灌水量处理。适量的灌水量可将盐分淋洗到土壤深层，在含盐土壤中，灌水量较低时水分非但不会将盐分淋洗到土壤深层，反而使盐分在土壤表层的聚集加剧，导致根系吸水困难。低灌水量施加氮肥不仅不会改善土壤水分状况，反而使土壤的盐分离子增加，加剧了盐分胁迫，从而影响棉花的生长发育。

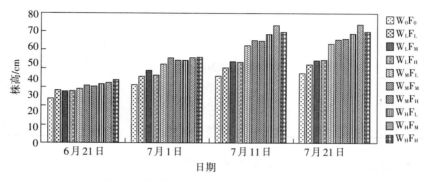

图3-1 轻度盐渍化土壤棉花株高变化规律

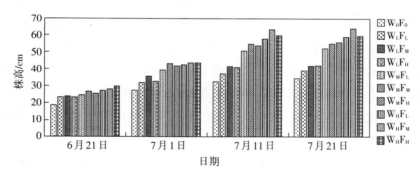

图3-2 中度盐渍化土壤棉花株高变化规律

表3-3 轻度盐渍化土壤对棉花株高的影响

| 轻度处理 | 6月21日 | 7月1日 | 7月11日 | 7月21日 |
|---|---|---|---|---|
| $W_0F_0$ | 27.4e | 36e | 41.5f | 43.2f |
| $W_LF_L$ | 32.4d | 41f | 46.4fg | 48.6g |
| $W_LF_M$ | 32d | 44.7d | 50.2f | 51ef |
| $W_LF_H$ | 32.1d | 41.8ef | 50.1f | 51.4f |
| $W_MF_L$ | 33.4cd | 48.8cd | 60cd | 61.3de |
| $W_MF_M$ | 35.6bc | 52.4a | 63.2d | 64bcd |
| $W_MF_H$ | 35.4c | 51.1bc | 63d | 64.4de |
| $W_HF_L$ | 36.4abc | 51.2b | 66.8bc | 67.4d |
| $W_HF_M$ | 37.2ab | 51.8a | 72.6a | 73a |
| $W_HF_H$ | 39a | 53a | 68.4b | 68.8b |

表3-4　中度盐渍化土壤对棉花株高的影响

| 中度处理 | 6月21日 | 7月1日 | 7月11日 | 7月21日 |
|---|---|---|---|---|
| $W_0F_0$ | 18.5e | 27.3e | 32.5f | 34.6f |
| $W_LF_L$ | 23.4d | 32f | 37.4g | 39.2d |
| $W_LF_M$ | 23.9d | 35.7a | 41.7f | 42bcd |
| $W_LF_H$ | 23.3d | 32.7ef | 41.1f | 42.2de |
| $W_MF_L$ | 24.6c | 39.5cd | 51cd | 52.3de |
| $W_MF_M$ | 26.7bc | 43.4a | 54.7d | 55ef |
| $W_MF_H$ | 25.6c | 42.1cd | 54cd | 55.7de |
| $W_HF_L$ | 27.4abc | 42.6b | 57.8bc | 58.8g |
| $W_HF_M$ | 28.2ab | 42.9a | 63.3a | 64a |
| $W_HF_H$ | 30a | 44a | 59.7f | 59.8b |

## 3.1.3　不同灌水和施肥条件对棉花茎粗的影响

茎粗是衡量棉花生长的重要指标之一。当棉花自身体内水势和生长情况发生变化时，其茎粗会发生相应变化，茎粗是对棉花周围环境因素与体内水分状况最直接的反应。当灌水量充足时，棉花茎粗会增大；当水分亏缺时，棉花茎粗相应减小。从作物生理角度讲，棉花的叶片、蕾、铃的生长发育与植株体内水分状况密切相关，棉花的茎粗直接影响棉花各个器官的生长发育，影响棉花的铃的形成时间、脱落程度、光合作用及吐絮期时间。棉花茎粗在合理的水氮耦合条件下有利于棉花生长，对棉花产量与生殖生长有着重要的作用。

由图3-3和3-4可以看出，棉花生育期内茎粗的变化规律在轻度盐渍化土壤和中度盐渍化土壤上基本一致。各水氮处理条件下的茎粗在轻度和中度盐渍化土壤上差异不明显。说明棉花茎粗受盐分影响不显著。棉花的茎粗随着生育期的推进不断增加，茎粗增加最为明显的时间段为现花期 - 盛蕾期（6月21日—7月1日）。由表3-5和表3-6可以看出，6月21日，棉花刚刚进入蕾期，由于棉花自身茎粗生长较缓慢，棉花茎粗受灌水量和施肥量影响较小，之间无显著影响，灌水量水平相同时，水肥耦合效应及不同施肥量对棉花茎粗的影响无显著差异。由于棉花在盛蕾期（6月21日—7月1日）处于营养生长阶段，此期间棉花茎粗生长速度开始加快，在相同灌水水平下，茎粗会随着施氮量的增加而显著增加，不同施氮量条件下，无论是轻度还是中度盐渍化土壤皆对棉花的茎粗产生显著影响。茎粗在高肥和中肥处理时达到最高，比如，在轻度与中度盐渍化土壤下 $W_HF_H$、$W_HF_M$ 比 $W_HF_L$ 茎粗分别增长16.7%、7.6%；20.8%、9.4%。在棉花花铃期（进入7月份）棉花需水量逐渐增加并且生殖生长和营养生长之间的矛盾开始加剧，不同施肥量对棉花茎粗产生显著影响，而棉花茎粗在高灌水水平处理下，由于水分充足使得肥料充分溶解，促进棉花植株根系的吸收，茎粗在 $W_HF_L$-$W_HF_H$ 处理下茎粗明显增加，但是，当施肥量大于260 kg·km⁻²时会使肥料的效果受到很大影响，从而使棉花茎粗增长量减小甚至下降，如，在7月21日中度与轻度盐渍化土壤上，$W_HF_M$处理比$W_HF_H$、$W_HF_L$茎粗分别增长11.5%、10.6%，在$W_HF_M$处理下达到最高值10.4mm；在中灌水水平下，因土壤水分亏缺不是十分严重，此时施肥量对棉花茎粗的影响出现一定差异，如，7月21日在轻度和中度盐渍化土壤上，$W_MF_H$比$W_MF_M$、$W_MF_L$茎粗分别增长6.3%、17.9%；水分影响作物对氮肥的吸收和利用，在低灌水水平下，水分亏缺在中度盐渍化土壤上使水分亏缺更加严重，从而影响植株对氮肥的吸收和利用，茎粗在$W_LF_L$处理下达到最低，故不同施肥量对棉花茎粗的影响没有显著差异。

由表3-5和表3-6可知，棉花植株从苗期到现蕾期（5月25日—6月19日），同一施肥量处理下，不同灌水量对棉花植株茎粗没有显著影响。这个生育期主要是棉花根系的生长发育，需水要求不是太高，从而加强棉花在这一时期的抗旱性。棉花植株进入盛蕾期后，棉花植株茎粗受不同灌水水平的影响呈现显著差异水平，严重缺水时，对茎粗有明显影响，棉花茎粗在同一施肥量处理下，$W_L$灌水水平茎粗最小，$W_H$灌水水平茎粗最大，如，在轻度与中度盐渍化土壤上，$W_HF_L$处理比$W_LF_L$处理茎粗增长26.4%、36.7%。随着不同灌水量和施肥量的增加，植株茎粗差异相应加大。在棉花花铃期，植株的耗水量达到最大值，是因为气温的回升导致植株对水分的需求量较大。7月11日，在轻度和中度盐渍化土壤上，$W_HF_H$比$W_LF_H$茎粗分别增长9.5%、10.9%；$W_HF_M$处理比$W_MF_M$、$W_LF_M$处理茎粗分别增长8.7%、5.8%、10.2%、15.3%；$W_HF_L$处理比$W_0F_0$处理增加10.9%、12.7%。7月21日，$W_HF_M$处理比$W_MF_M$、$W_LF_M$茎粗增长14.4%、24%、16.3%、27.2%；$W_HF_L$处理比$W_LF_L$处理分别增长18.3%、20.9%。说明在相同施肥水平下，不同灌水量对棉花茎粗有显著影响，当施肥量相同时，茎粗的最大值出现在高灌水水平下，茎粗最小值出现在低灌水水平下。即在相同的施氮水平下，灌水水平对茎粗的影响为高水（4700 m³·hm⁻²）>中水（4100 m³·hm⁻²）>低水（3500 m³·hm⁻²）。综上所述，在不同的灌水量和施肥量水平下，对茎粗产生最佳耦合效应是水和肥在$W_HF_M$处理下。

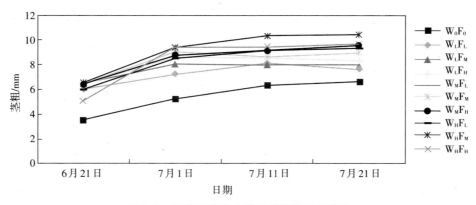

图3-3　轻度盐渍化土壤对棉花茎粗的影响

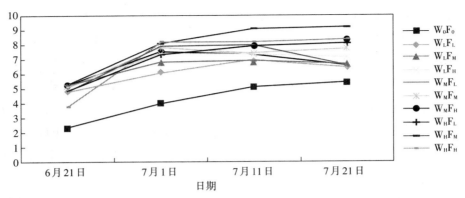

图3-4　中度盐渍化对棉花茎粗的影响

表3-5　轻度处理盐渍化土壤对棉花茎粗的影响

| 轻度处理 | 6月21日 | 7月1日 | 7月11日 | 7月21日 |
|---|---|---|---|---|
| $W_0F_0$ | 3.5c | 5.2e | 6.3e | 6.6c |
| $W_LF_L$ | 6abc | 7.2e | 8.1c | 7.6e |
| $W_LF_M$ | 6.5a | 8d | 8c | 7.9d |
| $W_LF_H$ | 6.3ab | 8.6cd | 8.5c | 8.3c |
| $W_MF_L$ | 6b | 9.1abc | 9.2b | 7.8cd |
| $W_MF_M$ | 6.3ab | 9a | 8.6c | 8.9b |
| $W_MF_H$ | 6.4ab | 8.7bc | 9.1b | 9.5ab |
| $W_HF_L$ | 6b | 8.5cd | 9.1b | 9.3ab |
| $W_HF_M$ | 6.5a | 9.3ab | 10.3a | 10.4a |
| $W_HF_H$ | 5a | 9.4a | 9.4b | 9.6b |

注：同列数据后不同字母表示差异显著（$P < 0.05$），表中茎粗值为3次所测平均值。

表3-6　中度处理盐渍化土壤对棉花茎粗的影响

| 中度处理 | 6月21日 | 7月1日 | 7月11日 | 7月21日 |
|---|---|---|---|---|
| $W_0F_0$ | 2.3c | 4e | 5.1e | 5.4c |
| $W_LF_L$ | 4.8b | 5e | 6.9c | 6.4e |
| $W_LF_M$ | 5.3a | 6.8d | 6.8c | 6.7cd |
| $W_LF_H$ | 5.1ab | 7.4cd | 7.3c | 7.1ab |
| $W_MF_L$ | 4.8abc | 7.9cd | 8b | 6.6b |
| $W_MF_M$ | 5.1ab | 7.8a | 7.c | 7.7cd |
| $W_MF_H$ | 5.2ab | 7.5bc | 7.9b | 8.3c |
| $W_HF_L$ | 4.8b | 7.3abc | 7.9b | 8.1ab |
| $W_HF_M$ | 5.3ab | 8.1ab | 9.1a | 9.2a |
| $W_HF_H$ | 3.8a | 8.2a | 8.2b | 8.4b |

注：同列数据后不同字母表示差异显著（$P < 0.05$），表中茎粗值为3次所测平均值。

## 3.1.4　水氮盐处理棉花生育期叶面积变化规律的影响

叶面积指数指单位面积上叶面积的总和，是表示棉花光合作用状况和生长发育情况的常用指标之一。棉花主要是通过叶片进行光合作用的。叶片的光合作用影响棉花干物质的积累量，棉花90%～95%的干物质累积通过叶片的光合作用合成，棉花光合作用的高低影响籽棉的形成及其棉花的品质，因此，棉花的生长发育受叶片的数量及大小影响非常大。掌握棉花生育期内叶面积指数的变化过程，研究水肥耦合对棉花生长发育的影响程度有重要意义。由图3-5和图3-6可知，在轻度及中度盐渍化土壤上，棉花叶面积指数在不同水氮处理下的生长过程表现为先增加后减少，在轻度及中度盐渍化土壤上总体变化趋势一致。叶面积指数最大值出现在棉花花铃期，棉花的叶面积随着土壤盐分的增加及棉花生育期的推进逐渐降低。棉花从苗期至蕾期（棉花出苗到7月2日），这一时期棉花生长发育较为缓慢，不同灌水量与施肥量对棉花叶面积指数影响不大，差异不显著。进入棉花盛花期（7月12日之后），在灌水量相同时，施氮量增加，叶面积指数随之增加，例如在轻度和中度盐渍化土壤上，$W_H F_H$处理比$W_H F_W$、$W_H F_L$处理叶面积增加20%、22.9%、29.6%、14.8%；$W_M F_M$处理比$W_M F_M$、$W_M F_L$处理增加24.1%、37.9%、33.3%、52.4%；$W_L F_H$处理比$W_L F_M$、$W_L F_L$处理高8.7%、26.1%、13.3%、46.7%；叶面积指数在低氮条件（$F_L$）下达到最低。棉花进入盛铃期（7月22日）叶面积指数在$W_H F_H$处理下，轻度盐分土壤达到最大值4.8，中度盐分达到2.9，在这一时期叶面积指数增长速度加快。到了棉花盛铃末期（8月15日），同一灌溉水平下，不同施氮量对叶面积指数影响表现为$F_H > F_M > F_L$，在这一时期叶面积指数出现不同程度的下降，之所以有下降趋势，是由于过高施肥量使棉花叶面积指数升高，致使棉花植株的中下部透光通气条件下降，引起叶绿素变化，导致叶片加快衰老；叶面积指数下降幅度在中氮处理水平下不是很大，说明施肥量过高或过低都会增加棉花叶面积指数在生育后期的下降程度，只有适量施肥才能使叶片功能在吐絮期发挥更好的作用。

由表3-7和表3-8可知，7.12—22日，同一施氮量水平下，灌水量不同对棉花叶面积有不同影响，棉花叶面积最大值出现在$W_H$灌溉水平下。灌溉量充足时，植株叶面积指数高，灌水量植株叶面积指数在水分亏缺时严重下降，对棉花叶面积影响程度为$W_H > W_M > W_L$。比如：在轻度和中度盐渍化土壤上，$W_H F_H$处理比$W_M F_H$、$W_L F_H$增加20.8%、47.9%、27.5%、60%；$W_H F_M$处理比$W_M F_M$、$W_L F_M$叶面积指数增加2.7%、29.7%、6.89%、55.2%；$W_H F_L$处理较$W_M F_L$、$W_L F_L$、$W_L F_M$处理分别增加7.1%、14.3%、10%、20%；叶面积指数在$W_L$水平下最低。进入8月份，叶面积指数出现下降，不同灌水量对叶面积指数影响显著。说明叶面积指数受水分的影响比较大，对水分的反应比较敏感，当灌水量达到一定水平时，叶片数量多，增长快，叶面积指数大；当灌水水平不足时，叶片萎缩，数量减少，甚至脱落，此时植株叶面积指数低。

在轻度盐渍化土壤和中度盐渍化土壤上，中水和高水条件下，各氮肥处理条件下的棉花叶面积指数显著高于低水条件下各氮肥处理的叶面积指数。在轻度盐渍化土壤上，在中灌水水平和高灌水水平条件下，随着施氮量的增加，棉花叶面积指数也增加。在中度盐渍化土壤上，在中灌水水平和高灌水水平条件下，随着施氮量的增加，棉花叶面积指数也相应增加，棉花叶面积指数在施氮处理超过 $260\ kg \cdot hm^{-2}$ 后开始下降。在轻度盐渍化土壤和中度盐渍化土壤上，同一施氮水平下，随着灌水量的增加，棉花植株叶面积指数也相应增加。由以上结果可知，在盐渍化土壤上，若灌水量不足，增施氮肥会抑制棉花植株叶面积的增加，只有灌水量充足并达到一定水平后，氮肥才能起到一定的作用，促进棉花叶面积的增长。

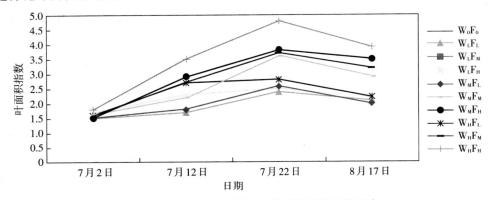

图3-5　轻度盐渍化土壤对棉花叶面积指数的影响

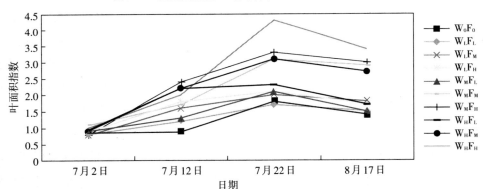

图3-6　中度盐渍化土壤对棉花叶面积指数的影响

表3-7　轻度水氮盐处理对棉花叶面积指数的影响

| 轻度处理 | 7月2日 | 7月12日 | 7月22日 | 8月17日 |
|---|---|---|---|---|
| $W_0F_0$ | 1.6bc | 1.6g | 2.3g | 2e |
| $W_LF_L$ | 1.5bc | 1.7gh | 2.4e | 2.1d |
| $W_LF_M$ | 1.5bc | 2.1f | 2.2f | 1.9e |
| $W_LF_H$ | 1.7b | 2.3d | 2.5d | 2.2d |
| $W_MF_L$ | 1.5bc | 1.8g | 2.6d | 2e |

表3-7（续）

| 轻度处理 | 7月2日 | 7月12日 | 7月22日 | 8月17日 |
| --- | --- | --- | --- | --- |
| $W_MF_M$ | 1.6ab | 2.2ef | 3.6d | 2.9c |
| $W_MF_H$ | 1.5bc | 2.9b | 3.8b | 3.5b |
| $W_HF_L$ | 1.6ab | 2.7f | 2.8c | 2.2d |
| $W_HF_M$ | 1.6ab | 3.1c | 3.7c | 3.2b |
| $W_HF_H$ | 1.8a | 3.5a | 4.8a | 3.9a |

注：同列数据后不同字母表示差异显著（$P<0.05$），表中叶面积指数为3次所测平均值。

表3-8 中度水氮盐处理对棉花叶面积指数的影响

| 中度处理 | 7月2日 | 7月12日 | 7月22日 | 8月17日 |
| --- | --- | --- | --- | --- |
| $W_0F_0$ | 0.7bc | 0.7g | 1.5g | 1.2e |
| $W_LF_L$ | 0.6bc | 0.8gh | 1.6e | 1.3d |
| $W_LF_M$ | 0.6bc | 1.3g | 1.3d | 1.1e |
| $W_LF_H$ | 0.9ab | 1.5f | 1.6c | 1.4d |
| $W_MF_L$ | 0.7bc | 1f | 1.8b | 1.2e |
| $W_MF_M$ | 0.8ab | 1.4ef | 2.7f | 2.1c |
| $W_MF_H$ | 0.7ab | 2.1c | 2.9b | 2.7b |
| $W_HF_L$ | 0.9b | 1.9d | 2d | 1.4d |
| $W_HF_M$ | 0.9bc | 2.3b | 2.9b | 2.4b |
| $W_HF_H$ | 1.1a | 2.7a | 4a | 3.1a |

注：同列数据后不同字母表示差异显著（$P<0.05$），表中叶面积指数为3次所测平均值。

### 3.1.5 水氮盐处理棉花干物质量变化规律的影响

干物质是光合作用的产物，是棉花产量形成的基础。棉花植株干物质累积、分配受水分和氮肥的影响。从图3-7和图3-8可以看出，在各水氮条件处理下，由于盐分胁迫影响，中度盐分土壤棉花干物质累积量低于轻度盐分土壤，棉花干物质累积量变化规律呈现S型。

7月2—17日，干物质累积量比较缓慢，随着生育期推进，7月17日—8月16日干物质累积量迅速增加并逐渐达到高峰，8月16—31日干物质累积量增长速度又趋于缓慢。

由表3-9和表3-10可知，从棉花植株出苗到7月2日（棉花生育前期），由于此期间植株对养分及水分需求不是很强烈，不利于棉花干物质的积累，因此，在相同灌水水平下，棉花植株地上部分干物质积累较缓慢，施肥量对棉花植株干物质累积量影响不显著。干物质累积量随着施氮量的增加不断增加，但无显著差异。在棉花花铃期（7月17日—8月16日），随着生育期推后，棉花植株干物质累积量逐渐增加并且增长速度不断加快，使棉花地上干物质累积量在8月达到最大值。棉花对养分与水分的需求在花铃期有所增加，在相同灌水水平下，中度与轻度盐渍化土壤上不同施氮处理条件间存在显著差异，棉花干物质积累与不同施氮量之间关系显著。干物质累积量在$F_L$时最低，$F_H$时最高。而在低灌水水平下，当施氮量高于中氮处理时，干物质棉株增长量减小，差异不显著。不同施肥量之间的差异随着灌水水平的增加有所减小，棉株养分不足时，可以通过水分在一定程度上进行调节。比如，在7月17日轻度与中度盐渍化土壤上，$W_MF_H$处理比$W_MF_M$处理干物质累积量分别增加24.8%、30.7%，比$W_MF_L$处理增加26.5%、28.5%；在8月1日同一灌水水平下，不同施氮量对棉花植株干物质累积之间的差异有所增加，轻度与中度盐渍化土壤上，$W_H$处理比$W_LF_M$处理分别增加20.9%、21.9%，比$W_HF_L$处理增加31.7%、33.4%，而$W_MF_H$处理比$W_MF_M$、$W_MF_L$处理在轻度与中度盐渍化土壤上分别增加6.5%、7.9%、15.9%、17.6%，较之前差异有所下降。到8月16日，不同水肥耦合对棉花植株干物质积累影响最高呈极显著水平，在$W_HF_H$处理下，棉花地上干物质量在轻度和中度盐渍化土壤上达到最高，分别为100.8g/株、95.23g/株。干物质累积量在不同施氮量之间差异进一步拉大。不同施肥量之间差异在低灌水水平下不显著。干物质在8月31日（到棉花吐絮期）累积比较缓慢，干物质累积量在$W_HF_H$处理与$W_HF_W$处理下比较接近，说明同一灌水量水平下，不同施肥量处理间差异不显著。因此，增加施肥量促进棉花干物质量的累加，当施肥量达到一定程度后，高施肥量对棉花干物质量影响不显著。

在棉花生育前期轻度与中度盐渍化土壤上，施氮量相同时，不同灌水水平对棉花干物质累积没有显著影响。棉花进入花铃期（7月17日—8月16日），随着棉花生长发育进程的加快，施氮量相同时，不同灌水水平对棉花干物质累积影响显著。8月1日，在轻度和中度盐渍化土壤上，$W_HF_L$处理比$W_MF_L$、$W_LF_L$处理分别高14.3%、31.9%、13.1%、26.4%；$W_MF_L$处理比$W_LF_L$处理分别高20.6%、15.4%。$W_HF_M$处理比$W_MF_M$、$W_LF_M$在轻度与中度盐分上分别增加12.9%、27.8%、13.0%、30.6%；$W_MF_M$处理比$W_LF_M$处理分别高17.1%、20.2%。轻度与中度盐渍化土壤上施肥水平下，$W_HF_H$处理比$W_MF_H$、$W_LF_H$处理高13.2%、16.2%、11.7%、16.8%；$W_MF_H$处理比$W_LF_H$处理分别高3.4%、5.8%。说明干物质的累积随灌水量的增加而增加，不同灌水量对棉花地上部分干物质积累影响存在差异并且差异在增大，表现为高水处理＞中水处理＞低水处理。8月16日，不同灌水量对干物质积累呈现极显著水平。在轻度与中度盐渍化土壤上，$W_HF_L$处理比$W_MF_L$、$W_LF_L$处理分别高8.5%、13.8%、9.5%、9.7%；$W_MF_L$处理比$W_LF_L$处理分别高5.9%、0.2%。$W_HF_H$处理比$W_MF_M$、$W_LF_M$处理分别高8.3%、14%、8%、14.2%；$W_MF_M$处理比$W_LF_M$处理分别高6.2%、6.7%。$W_HF_H$处理比$W_MF_H$、$W_LF_H$处理分别高7.1%、16.6%、5.6%、16.4%；$W_MF_H$处理比$W_LF_H$处理分别高10.1%、11.5%。由以上结果可以得出，不同灌水量之间的差异随着施肥量的增加有所减小，说明由于水分亏缺造成的干物质累积量不足可以通过增加施氮量进行弥补。干物质在$W_L$水平下，由于水分亏缺严重，累积量最低。到9月1日（棉花吐絮期），不同灌水水平对干物质累积量影响依然显著，但是较之前开始减弱，这就说明对于棉花植株地上部分干物质累积量的形成，水分效应大于施肥效应，水分起主导作用。植株地上部分干物质累积量的形成受水肥耦合效应的影响极大，呈极显著水平，在灌水量为 4700 m³·hm⁻²、施氮量为 260 kg·hm⁻² 时达到最大。综上所述，在灌水充足条件下，干物质累积量形成最佳的水氮耦合为 $W_HF_H$。因此，适宜的灌水量和施氮量能有效地促进棉花健康生长及棉花地上部分干物质的累积。

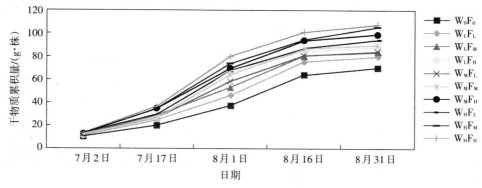

**图3-7　轻度盐渍化对棉花干物质积累的影响**

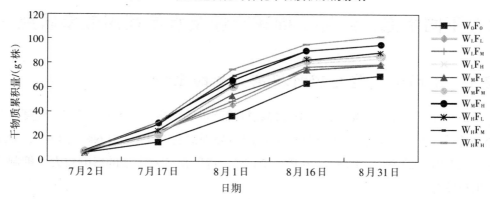

**图3-8　轻度盐渍化对棉花干物质积累的影响**

**表3-9　轻度水氮盐处理对棉花干物质量的影响**

| 轻度处理 | 7月2日 | 7月17日 | 8月1日 | 8月16日 | 8月31日 |
|---|---|---|---|---|---|
| $W_0F_0$ | 10.1e | 19.8e | 37.5f | 64.3ef | 70.2f |
| $W_LF_L$ | 11.3d | 24.6d | 46.16e | 75.3ed | 79.7f |
| $W_LF_M$ | 12.1bc | 28.7b | 53.42d | 81.2cd | 84.2de |
| $W_LF_H$ | 11.08c | 25.8bc | 67.3c | 84.1c | 88.1d |
| $W_MF_L$ | 12.1bc | 26bc | 58.1d | 80d | 84.3de |
| $W_MF_M$ | 11.2c | 25.9bc | 64.4c | 86.6c | 89.4cd |
| $W_MF_H$ | 12.6ab | 34.7ab | 69.7bc | 93.6b | 98.8bc |
| $W_HF_L$ | 12.5ab | 29.8bc | 67.8c | 87.4c | 94.3c |

| | | | | | |
|---|---|---|---|---|---|
| $W_H F_M$ | 12.6ab | 34.5ab | 74ab | 94.45ab | 105.5ab |
| $W_H F_H$ | 13.2a | 36.5a | 80.3a | 100.8a | 107.4a |

注：同列数据后不同字母表示差异显著（$P < 0.05$）

表3-10　中度水氮盐处理对棉花干物质量的影响

| 中度处理 | 7月2日 | 7月17日 | 8月1日 | 8月16日 | 8月31日 |
|---|---|---|---|---|---|
| $W_0 F_0$ | 6.2e | 14.9e | 36.6f | 63.4ef | 69.3f |
| $W_L F_L$ | 6.2d | 23.7bc | 45.1e | 74.4e | 78.8f |
| $W_L F_M$ | 7.3bc | 23.4d | 48.3d | 76.6d | 77.9de |
| $W_L F_H$ | 6.7ab | 20.1bc | 62c | 79.6c | 83.5c |
| $W_M F_L$ | 9.3bc | 21.9b | 53.3d | 74.6cd | 78.7de |
| $W_M F_M$ | 7.4c | 21.4bc | 60.55c | 82.1c | 85.5ab |
| $W_M F_H$ | 8.6ab | 30.9ab | 65.8ab | 89.9ab | 94.9ab |
| $W_H F_L$ | 7.2ab | 24.7bc | 61.3c | 82.4c | 88.2d |
| $W_H F_M$ | 7.16c | 29.3ab | 69.56bc | 89.3b | 95.3bc |
| $W_H F_H$ | 8.3a | 31.2a | 74.5a | 95.23a | 101.5a |

注：同列数据后不同字母表示差异显著（$P < 0.05$）

## 3.2　不同水氮盐条件下棉花产量及水氮利用效率研究

### 3.2.1　不同水氮盐处理对棉花产量的影响

图3-9为不同盐分土壤水氮处理对棉花籽棉产量的影响，由图3-9可知，轻度盐分土壤处理棉花产量较中度盐分土壤处理棉花产量分别提高42.1%、31.6%、31.4%、32.4%、28.4%、27.2%、27.5%、28.5%、26.1%、26.2%。说明盐分对产量的影响较大，抑制了棉花的生长发育。

在轻度盐渍化土壤上，$W_0 F_0$处理的棉花产量显著低于其他各水氮处理。棉花籽棉产量最大的处理为$W_H F_M$处理，较其他水氮处理的籽棉产量显著提高。在同一灌溉水平下，增施氮肥可以提高棉花籽棉产量，但产量在施氮量超过260 kg·hm$^{-2}$后开始下降，比如，在高灌水水平下，$W_H F_M$处理与$W_H F_H$处理之间差异不显著，$W_H F_H$处理与$W_H F_M$处理分别比$W_H F_L$处理高8.3%和8.7%，不同施氮量之间差异性显著。在中水条件下，中水中氮耦合处理对棉花产量影响较高，比如，在中灌水水平下，棉花籽棉产量大小为$W_M F_M$处理 > $W_M F_H$处理 > $W_M F_L$处理。在低灌水水平下，增施氮肥可以提高棉花籽棉产量，比如，在低灌水水平下，$W_L F_M$处理与$W_L F_H$处理差异不显著，$W_L F_L$处理较$W_L F_H$处理、$W_L F_M$处理分别低1.5%和0.3%，存在显著性差异。增加灌水量可以明显提高棉花产量，但是灌水量超过4700 m$^3$·hm$^{-2}$后，产量不再增加，比如，同一施氮水平下，高灌溉水平与中灌溉水平差异不显著，但高灌水处理显著高于低灌水处理。由此可以得出，$W_H F_H$水肥耦合处理对棉花籽棉产量的形成最佳。

在中度盐渍化土壤上，$W_M F_H$处理和$W_H F_H$处理及$W_M F_M$处理下的棉花籽棉产量显著高于其他水氮组合处理。在低灌水水平下，棉花产量规律为$W_L F_M$处理>$W_L F_H$处理>$W_L F_L$处理，不同施氮量之间差异显著，高氮处理时，棉花产量最低，在低灌水水平下过多地施氮会导致棉花产量下降；在中灌水水平下，棉花产量规律为$W_M F_M$处理>$W_M F_H$处理>$W_M F_L$处理；在高灌水水平下，棉花产量规律为$W_H F_H$处理>$W_H F_H$处理>$W_H F_L$处理，不同施氮量对棉花产量差异显著，在灌水水平相同时中氮处理的棉花籽棉产量最高。说明在盐渍化土壤上，同一灌水水平下，施氮肥过多会造成棉花产量降低。在高氮、中氮、低氮条件下，棉花产量在高灌水水平和中灌水水平条件下差异不显著，但皆显著高于低灌水水平下的棉花籽棉产量。综上所述，在中度盐渍化土壤上，过多的灌水和施肥都会造成棉花籽棉产量下降。

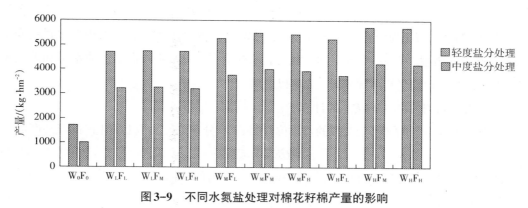

**图3-9　不同水氮盐处理对棉花籽棉产量的影响**

在低灌水水平下，各氮肥处理之间差异不明显，但籽棉产量明显比中灌水水平和高灌水水平下的各氮肥处理低。这是由于作物营养物质的传输以水分作为载体，当水分不足甚至发生水分胁迫时，即使施氮量增加，养分也不能通过充足的水分输送到棉花籽棉，从而导致产量变低。在中灌水水平和高灌水水平下，籽棉产量显著高于低氮处理下的籽棉产量，高氮处理和中氮处理的籽棉产量无显著性差异。说明作物土壤水分充足时，营养物质通过水分被输送到籽棉当中，使棉花籽棉产量增加。但是过多地增施氮肥会导致棉花籽棉产量降低，这是由于植株体内累积过多的光合物质，导致棉花植株运转速度变慢。中度盐渍化土壤与轻度盐渍化土壤各水氮处理的规律类似，在中度盐渍化土壤中，土壤离子浓度会随着施氮肥量增加而增加，过量的施肥一方面，会加剧根系的盐分胁迫，减少根系与土壤竞争获得的土壤有效水分，降低对营养物质的运输能力；另一方面，增加盐浓度使棉花的光合作用受到抑制，使光合物质的合成效率降低，最终导致籽棉产量下降。本研究结果表明，施氮水平为260 kg·hm$^{-2}$，灌水水平为4700 m$^3$·hm$^{-2}$时，棉花取得较高产量，与前人研究结果南疆盐渍化土壤施氮量在150 kg·hm$^{-2}$～375 kg·hm$^{-2}$，灌水水平在3000 m$^3$·hm$^{-2}$～4500 m$^3$·hm$^{-2}$范围基本相同。

## 3.2.2 不同水氮盐条件下棉花水分利用效率研究

实施节水农业的重要指标是水分利用效率，是节水农业研究的重要理论问题之一。影响作物水分利用效率的环境因素包括温度、土壤水分、空气、大气湿度等。另外，作物基因型和品种的差异对作物水分利用效率也有显著影响。

（1）土壤贮水量的计算

$$W = 0.1\sum_{i=1}^{n} W_i H_i D_i \tag{3.1}$$

式（3.1）中，$W$ 为土壤贮水量（mm），$W_i$ 为第 $i$ 层土壤含水量（%）；$D_i$ 为第 $i$ 层土壤容重（g·cm$^{-3}$）；$H_i$ 为第 $i$ 层土层厚度（cm）。

（2）作物耗水量（$ET$）用水量平衡法的计算

$$ET = \Delta W + P + I + W_g - D - R \tag{3.2}$$

式（3.2）中，$ET$ 为作物耗水量（mm），$\Delta W$ 为作物种植和收获后农田贮水量的变化（mm），$P$ 为降雨量，$I$ 为灌溉量，$W_g$ 为地下水补给量，$D$ 和 $R$ 分别是渗涌水量和地表径流。由于试验区地面平坦，无明排，$R$ 可以忽略。

（3）水分利用效率（$WUE$）的计算

水分利用效率（$WUE$）指蒸散的每单位（mm）水分在单位面积上所生产的经济产量。

$$WUE = Y | ET \tag{3.3}$$

式（3.3）中，$Y$ 为棉花籽棉产量（kg·hm$^{-2}$），$ET$ 为作物耗水量（mm）。

（4）灌溉水利用效率（$IWUE$）的计算

$$IWUE = Y | I \tag{3.4}$$

式（3.4）中，$Y$ 为棉花的籽棉产量（kg·hm$^{-2}$），$I$ 为棉花全生育期灌水量，即棉花灌溉定额（m$^3$·hm$^{-2}$），$IWUE$ 单位为 kg·m$^{-3}$

由表3-11和表3-12可以看出，在灌水水平相同时，随着施氮量的增加，灌溉水分利用效率（IWUE）也相应增加，$W_LF_M$ 处理及 $W_MF_M$ 处理都要比在同一灌水水平下的IWUE高，$F_M$ 处理下的IWUE高于 $F_H$ 处理下的IWUE，但 $F_H$ 处理与 $F_M$ 处理之间无显著差异，由此可知，施氮量过高会减小灌溉水利用效率。在 $W_L$、$W_M$ 灌水水平下，施肥量不同时对IWUE影响差异不显著，说明灌水量不足时可以提高棉花植株IWUE，不同施氮量对IWUE无显著影响可能是因为灌水量不足、水分亏缺导致肥料的利用效率降低。在施氮水平相同时，随着灌水量的增加，IWUE逐渐下降，不同程度灌水量对IWUE影响显著，当灌水饱和后，植株不再吸收水分，甚至会因为根系无氧呼吸造成植株死亡，灌水量越多，IWUE越小。综上所述，IWUE随施氮量增加而增加，IWUE随灌水量增加而下降，水和肥对棉花植株的IWUE的最高效能具有不一致性，水肥耦合的关键是如何使水肥利用效率达到最优化。因此，实现高水肥利用效率的最好途径是在高灌水水平下施加适量的施肥，以保持棉花植株较高的水肥利用效率。

表3-11　轻度水氮盐处理对棉花水分利用效率的影响

| 轻度处理 | 灌溉水平($m^3 \cdot hm^{-2}$) | 施肥水平($kg \cdot hm^{-2}$) | 籽棉产量($kg \cdot hm^{-2}$) | 灌水水分利用效率($kg \cdot m^{-3}$) |
| --- | --- | --- | --- | --- |
| $W_0F_0$ | 0 | 0 | 1726.35bc | — |
| $W_LF_L$ | 3500 | 160 | 4725.9ab | 1.350ab |
| $W_LF_M$ | 3500 | 260 | 4741.32a | 1.354a |
| $W_LF_H$ | 3500 | 360 | 4733.41d | 1.352ab |
| $W_MF_L$ | 4100 | 160 | 5273.53c | 1.286d |
| $W_MF_M$ | 4100 | 260 | 5707.46c | 1.392a |
| $W_MF_H$ | 4100 | 360 | 5452.69d | 1.329cd |
| $W_HF_L$ | 4700 | 160 | 5244.69ef | 1.115f |
| $W_HF_M$ | 4700 | 260 | 5747.61e | 1.222e |
| $W_HF_H$ | 4700 | 360 | 5721.22ef | 1.271e |

注：同列数据后不同字母表示差异显著（$P < 0.05$）。

表3-12　中度水氮盐处理对棉花水分利用效率的影响

| 中度处理 | 灌溉水平($m^3 \cdot hm^{-2}$) | 施肥水平($kg \cdot hm^{-2}$) | 籽棉产量($kg \cdot hm^{-2}$) | 灌水水分利用效率($kg \cdot m^{-3}$) |
| --- | --- | --- | --- | --- |
| $W_0F_0$ | 0 | 0 | 999.8bc | — |
| $W_LF_L$ | 3500 | 160 | 3230.7ef | 0.923ab |
| $W_LF_M$ | 3500 | 260 | 3251.75d | 0.929d |
| $W_LF_H$ | 3500 | 360 | 3200.48d | 0.914f |
| $W_MF_L$ | 4100 | 160 | 3773.6e | 0.920a |
| $W_MF_M$ | 4100 | 260 | 4007.74c | 0.997a |
| $W_MF_H$ | 4100 | 360 | 3952.27b | 0.963e |
| $W_HF_L$ | 4700 | 160 | 3750.57ef | 0.797ab |
| $W_HF_M$ | 4700 | 260 | 4248.5c | 0.904cd |
| $W_HF_H$ | 4700 | 360 | 4220.3a | 0.898e |

注：同列数据后不同字母表示差异显著（$P < 0.05$）。

由以上分析可知：不同盐渍化土壤环境下不同水氮处理下的灌溉水分利用效率总体上随着水氮用量的增加逐渐减小。轻度与中度盐渍化土壤上IWUE分别以$W_LF_L$处理时最高，分别为18.9 $kg \cdot m^{-2}$、12.7 $kg \cdot m^{-2}$。当施氮水平相同时，灌水水分利用效率在灌水量超过4100 $m^3 \cdot hm^{-2}$后开始下降。当灌水水平相同时，水分利用效率在施氮量超过260 $kg \cdot hm^{-2}$后开始下降。说明在一定范围内灌水量和施氮量与灌水水分利用效率是呈正相关的，说明提高水分利用效率可以适当增加水氮用量。但当灌水量超过4100 $m^3 \cdot hm^{-2}$、施氮量超过260 $kg \cdot hm^{-2}$时，棉花的水氮利用效率会降低。

## 3.2.3 不同水氮盐条件下棉花氮肥利用效率研究

棉花在不同水氮盐处理下各器官氮累积吸收量如图3-10～图3-14所示，各器官氮累积吸收量分别在棉花播种后83天、100天、117天、130天、142天测得。

由图3-10～图3-14可知，在轻度盐渍化与中度盐渍化土壤上，随着棉花生育期的推进，氮素的分配情况逐步向蕾进行分配，棉花氮素累积量逐步变大。

由图3-10可知，在棉花播种后83天，氮素在棉花器官累积量的存在规律为叶 > 蕾 > 茎 > 根，分别约占棉花全株氮累积量的39%～53%、13%～27%、12%～21%和8%～13%。叶和茎氮素累积量占棉花植株总氮素累积量的70%以上，根氮素累积量占全株的10%。各水氮处理氮素累积量为54.3～96.1 kg·hm⁻²，约占全生育期棉花植株吸氮量的30%。低灌水水平处理的氮素累积量明显比高灌水水平处理低，总体上棉花各器官的氮素累积量和棉株生长发育状况相似。在同一灌水水平下，随着施氮量的增加，各施氮处理下的棉花各器官氮累积吸收量均有相应的增加。在同一施氮量水平下，中等灌水水平处理（$W_M$）和高灌水水平处（$W_H$）的氮素累积量与低灌水水平处理（$W_L$）相比显著升高。

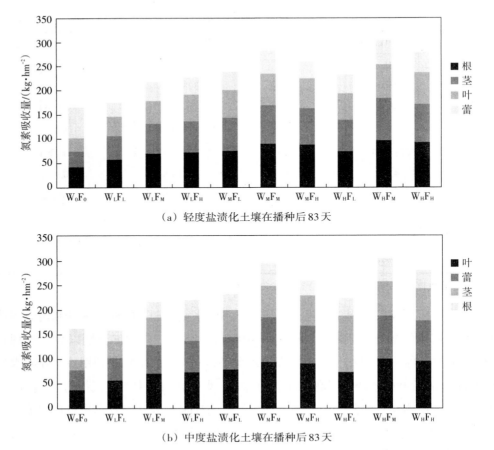

（a）轻度盐渍化土壤在播种后83天

（b）中度盐渍化土壤在播种后83天

**图3-10　棉花播种后83天不同水氮盐处理下各器官氮累积吸收量**

　　由图3-11可知，在播种后100天，与上一时期相比，棉花蕾氮素累积量占棉花株氮素累积量比例开始上升，而茎与叶所占比例变化不大，氮素在棉花器官累积量的存在规律为叶＞茎＞蕾＞根，分别约占棉花全株氮素累积量的45%～53%、19%～28%、13%～22%和8%～15%。在同一灌溉水平下，随着施氮量的增加，棉花植株各器官氮吸收量及累积均有不同程度的增加，各施氮处理之间差异显著。各水氮处理氮素累积量为80～129.4 kg·hm$^{-2}$，约占棉花全生育期吸氮量的40%。在同一施氮量水平下，随着灌水量的增加，氮素累积量也相应增加，具体表现为$W_L$＜$W_M$＜$W_H$。

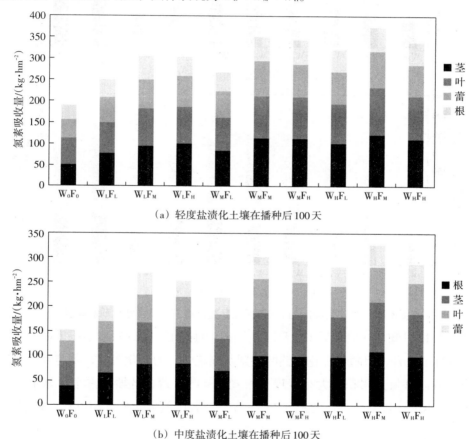

（a）轻度盐渍化土壤在播种后100天

（b）中度盐渍化土壤在播种后100天

**图3-11　棉花播种后100天不同水氮盐处理下各器官氮累积吸收量**

　　由图3-12可知，在棉花播种后117天，与上一时期相比，棉花蕾氮素累积量占植株总累积量比例继续上升，但茎与叶所占比例略有下降，原因为蛋白质活化造成器官氮素转移，各器官氮素累积量从小到大表现为根＜茎＜蕾＜叶，分别占棉花全株氮素累积量的9%～14%、16%～20%、17%～25%、41%～52%。当施氮量相同时，中灌水水平处理（$W_M$）与低灌水水平处理（$W_L$）相比，棉花器官氮素累积量显著增加，分别增加了7.25%、9.27%、22.4%，中灌水水平处理（$W_M$）与高灌水水平处理（$W_H$）相比，氮素累积量增加幅度有所下降，仅增加了11.1%、14.2%、1.3%。各水氮处理的棉花器官氮素累积量为 104.5 ~ 164.3 kg·hm⁻²，约占全生育期的 60%。

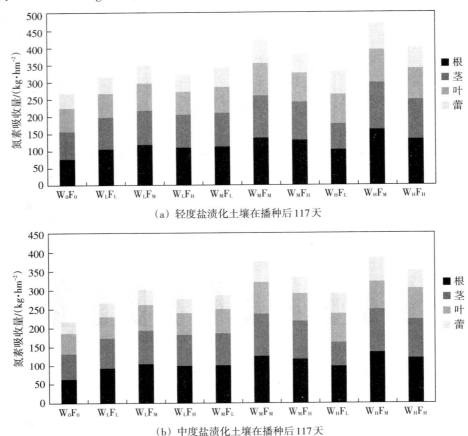

（a）轻度盐渍化土壤在播种后 117 天

（b）中度盐渍化土壤在播种后 117 天

**图 3-12　棉花播种后 117 天不同水氮盐处理下各器官氮累积吸收量**

由图 3-13 可知，在播种后 130 天，与上一时期相比，蕾的氮素累积量占全株氮素累积量比例继续上升，但随着棉花棉铃的吐絮及棉花叶片的老化脱落，茎与叶所占比例继续下降，各器官氮素累积量大小表现为根＜茎＜叶＜蕾，各器官占全株氮素累积量的 8% ~ 16%、10% ~ 17%、22% ~ 29%、44% ~ 55%。各施氮量除 $F_M$ 处理以外，$W_M$ 灌水处理

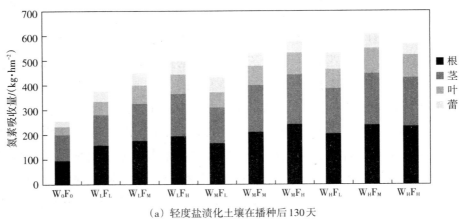

（a）轻度盐渍化土壤在播种后 130 天

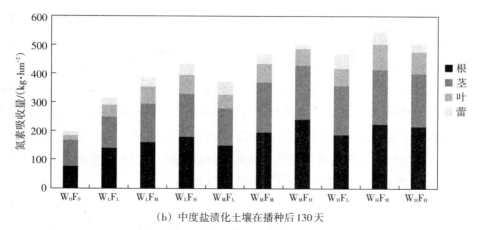

（b）中度盐渍化土壤在播种后130天

**图3-13 棉花播种后130天不同水氮盐处理下各器官氮累积吸收量**

比$W_L$灌水处理棉花各器官氮素累积量增加显著。由高灌水处理（$W_H$）与中灌水处理（$W_M$）各施肥量水平均有显著增加。在高灌水水平下，与中氮（$W_HF_M$）处理相比，$W_HF_L$、$W_HF_H$分别下降14.3%、3.1%。各水氮处理约占植株全生育期吸氮量的90%，氮素累积量为155.6～266.5$kg \cdot hm^{-2}$。

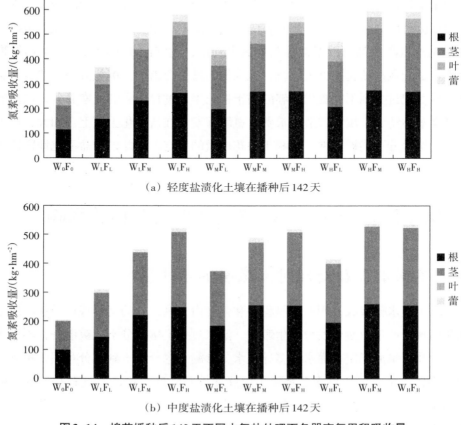

（a）轻度盐渍化土壤在播种后142天

（b）中度盐渍化土壤在播种后142天

**图3-14 棉花播种后142天不同水氮盐处理下各器官氮累积吸收量**

由图3-14可知，在播种后142天，与上一时期相比，蕾氮素累积量占全株氮素累积量比例出现下降，而随着棉铃的吐絮及叶片的继续老化脱落，茎与叶所占比例显著下降，各器官所占比例表现为茎＜根＜叶＜蕾，分别约占棉花全株氮素累积量的6%～12%、7%～16%、8%～17%、57%～73%。各水氮处理各器官氮素累积量为160.2～350 kg·hm$^{-2}$。在中灌水量（$W_M$）水平下，与常规施肥（$F_M$）处理相比，$W_MF_L$处理和$W_MF_H$处理分别下降24%、4%。在各施肥量水平下，由中灌水处理（$W_M$）升高到高灌水处理（$W_H$）时，各器官氮素累积量增加甚微；各施氮量处理除$W_L$以外，中灌水处理（$W_M$）与低灌水（$W_L$）处理相比，各器官的氮素累积量显著增加。

由以上分析可知，中度盐渍化土壤各水氮处理的吸氮量要比轻度盐渍化土壤低。在轻度与中度盐渍化土壤上，棉花植株吸氮量在80～350 kg·hm$^{-2}$、65.4～334.8 kg·hm$^{-2}$之间。在两种盐渍化土壤上，在中灌水和高灌水水平下，中氮处理下的棉花吸氮量比低氮和高氮处理高。在低灌水水平下，低氮和中氮处理的吸氮量低于高氮处理，表明棉花对氮肥吸收量的大小取决于水分的多少。当水分过多时，棉花的吸氮量会降低，可能是由于当灌水量较大时，氮肥被淋溶到土壤深层，导致氮素营养无法被作物根系吸收。

在轻度与中度盐渍化土壤上，在高水处理和中水处理条件下，随着氮肥的增加，氮肥吸收利用率呈现出先升后降的规律。在低灌水处理下，随着施氮量的增加，棉花氮肥吸收利用率也增加。在施氮量为360 kg·hm$^{-2}$、灌水量为4100 m$^3$·hm$^{-2}$时，氮肥吸收利用率最高，说明施氮灌水都可以增加棉花的氮素利用，适宜的水氮用量可以增加作物的肥效。由于本试验在盐渍化土壤上进行，施入氮肥过多会由于土壤盐分增加造成土壤次生盐渍化，施氮肥过少则不能提供足够的用于棉花生长发育所需的氮素养分；过多的灌水量导致氮素被淋洗到土壤深层造成浪费，氮肥挥发量在盐渍化土壤上会加大，过少的灌水量导致土壤盐分不能被淋洗，不利于棉花产量的稳定。因此，在盐渍化地区适当地节水减氮对棉花产量的提高有重要的意义。

## 3.3 不同水氮盐处理对棉花土壤水氮迁移的影响

### 3.3.1 不同水氮盐处理对土壤含水率的影响

棉花对土壤水分吸收利用的难易程度和强度由土壤水分的运移规律及状况决定，从而对棉花植株的产量及生长发育产生影响。灌水过少土壤盐分不能被淋洗，不利于棉花的生长发育及产量的稳定，灌水过多导致水分渗漏，水分得不到充分利用，不利于节约水资源。因此，适宜的土壤水分环境不仅能使棉花旺盛生长，而且有利于棉花根系生长。在棉花的生长发育过程中，摸清其土壤水分运移规律至关重要。中度盐分土壤的各水氮处理的含水率高于轻度盐分土壤。

6月17日—9月8日在轻度盐分土壤上，由于灌水对土壤深层影响比较小，所以在棉花生育期选择土壤剖面60 cm以内研究土壤含水率的变化规律。图3-15（a）表示在高灌水水平处理下，不同施氮量对棉花土壤含水量的影响。由图3-15（a）可知，在高灌水（$W_H$）水平处理下，土壤含水率随施肥量的增加而逐渐降低。$W_HF_L$处理下的土壤含水率显著高于$W_HF_H$与$W_HF_M$处理，说明在高灌溉量水平下，低氮处理使土壤含水率更高。这是由于土壤间隙大，水分渗漏加剧。图3-15（b）表示在棉花生育期内，中氮（$F_M$）水平处理下，不同灌水量对棉花土壤含水率变化的影响。由图3-15（b）可知，随着棉花生育期的推进，在同一施肥量下$W_HF_M$处理下的土壤含水率最高，在7月棉花花铃期随着灌水次数增加，土壤含水率达到最高，这是由于棉花在此时期土壤蒸发量及植株蒸腾逐渐增大，棉花的需水量要求增加，此时灌水量最高。到棉花生育后期，随着灌水量和灌水量次数减少，土壤蒸发量及植株蒸腾量降低，棉花对水分的需求逐渐减少，此时期土壤含水率逐渐降低。随着灌水量的增加，土壤含水率逐步增大。灌水量低会使棉花侧根对土壤水分的吸收利用产生不利影响。

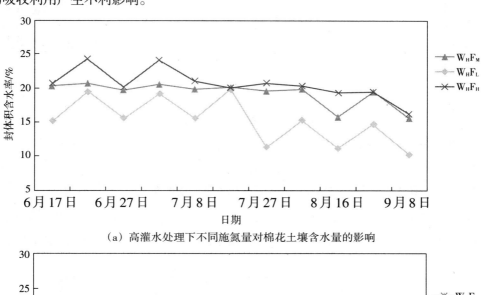

（a）高灌水处理下不同施氮量对棉花土壤含水量的影响

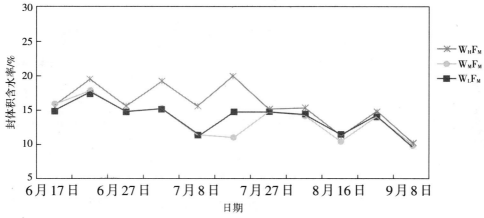

（b）中氮水平处理下不同灌水量对棉花土壤含水率变化的影响

**图3-15 棉花生育期内土壤含水量变化规律**

## 3.3.2 不同灌水量与施氮量对土壤剖面水分运动的影响

7月13日灌水后，不同水氮处理对土壤剖面含水率分布规律的影响如图3-16和图3-17所示。从图3-16可以看出，在高氮（$F_H$）处理下，随着灌水量的增加，土壤水分向下运移明显，在垂直方向上土壤含水率增大。$W_L F_H$处理下含水率随着土层深度增加逐渐变小，土壤水分主要分布在20～40 cm处，无深层渗漏现象，灌溉水利用效率高，但棉花进入花铃期后，由于自身生长发育需水量增加，水分在低水（$W_L$）条件下严重亏缺，导致棉花的根系生长范围由于土壤含水率低而受到限制，不利于棉花生长发育和增产。$W_M F_H$处理与$W_L F_H$处理相比较水分主要分布在60～80 cm处并且水分向下运移明显，因棉花的主根在地下60 cm左右，$W_M$处理下水分分布与棉花主根分布深度基本相同，所以在$W_M F_H$处理下可以更好地促进棉花根系对水肥的吸收利用。

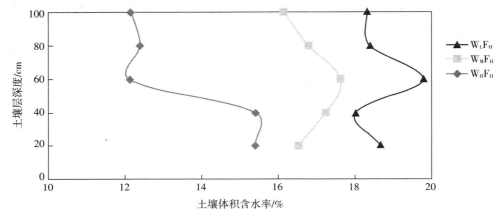

图3-16 同一施氮水平不同灌水处理下土壤剖面含水率分布规律

从图3-17可以看出，高水（$W_H$）条件下土壤水分在垂直方向80 cm开始向下渗漏，部分水量超过土层，导致水分利用率下降，由于灌水量较大，棉花的营养空间及根系生

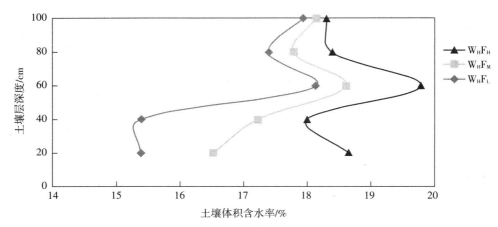

图3-17 同一灌水水平不同氮处理下土壤剖面含水率分布规律

长范围得到提高，促进棉花对氮肥的吸收和利用，从而提高产量。在高灌水（$W_H$）处理下，随着施氮量的增加，土壤含水率降低。$W_HF_H$处理和$W_HF_M$处理的土壤含水率最大值出现在60 cm处，土壤含水率在$W_HF_L$处理下的主要分布在20～40 cm处并且最大值出现在40 cm处，土壤含水率逐随土层深度增加逐渐减小，在100 cm处，$W_HF_L$含水率要比$W_HF_H$、$W_HF_M$大，这样容易引起深层渗漏。

### 3.3.3 不同水氮盐处理对棉花生育期内土壤硝态氮变化的影响

图3-18表示土壤硝态氮在不同水氮处理下的分布规律。从图中可以看出，施氮量相同时，不同灌水处理对土壤硝态氮的影响呈显著性差异，在$W_L$处理下，土壤硝态氮含量随着灌水量的增加向下迁移，不同灌水处理对硝态氮迁移的影响由于施氮量较低不是很明显，在$W_LF_L$处理下，硝态氮向下迁移较少，在土层10～20 cm处有大量氮素累积，主要由于灌水量不足，使肥料大量累积在土壤表层。随着土层深度的增加，$W_MF_L$、$W_LF_L$处理下的硝态氮含量均高于$W_HF_L$处理，这有可能与肥料淋失有关，主要由灌水充分施肥量较少导致。在中氮（$F_M$）处理下，土壤硝态氮的分布受灌水量的影响程度比较大，随着灌水量的增加，土壤硝态氮含量逐渐减少，在$W_MF_M$与$W_LF_M$处理下，氮素主要累积在土壤表层处，氮素含量随着土层深度的增加呈现出先减小后增加的趋势，$W_LF_M$处理硝态氮含量较低。与$W_MF_M$、$W_LF_M$处理相比，可能因为水肥耦合因施氮和灌水相互协调较好达到最佳效应，促进棉花吸收利用硝态氮减少肥料淋失。在高氮（$F_H$）处理下，$W_HF_H$处理与$W_LF_H$处理下的硝态氮含量显著高于$W_MF_H$处理，在$W_H$水平下，土壤硝态氮随着土层深度的增加向下迁移明显，相对而言氮素累加量在80～100 cm处较大，肥料发生了淋失不利于棉花对养分的利用吸收。在低灌水水平下，肥料在水分不足的情况下溶解不充分，硝态氮没有随水迁移向下运移而累积在了土壤表层，土壤硝态氮迁移在灌水量少的情况不同施氮量对其不明显。施氮量过高和过低都发生了肥料淋失现象，这就说明肥料的利用率在高肥和低肥条件下都会降低。而土壤硝态氮含量在$W_HF_M$处理下分布比较合理，峰值出现在60～80 cm处，与棉花主要根系分布处在基本相同的位置，在这个范围内有助于棉花的生长。

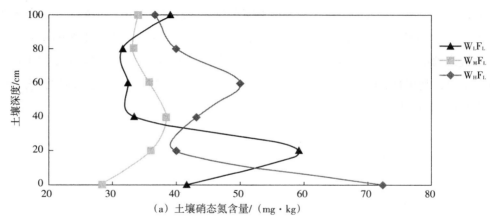

(a) 土壤硝态氮含量/（mg·kg）

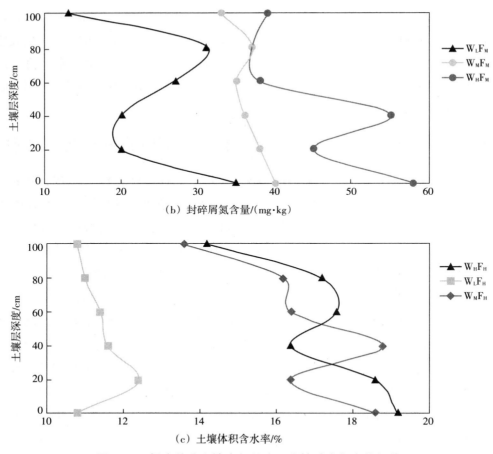

（b）封碎屑氮含量/(mg·kg)

（c）土壤体积含水率/%

图3-18　轻度盐分土壤水氮处理下土壤硝态氮变化规律

# 3.4　南疆盐渍化地区棉花土壤水氮迁移模拟计算

　　试验区在0~100 cm垂直深度范围内，土壤质地均为粉砂质壤土。揭示棉花田间水氮迁移分布最直接有效的方法是对田间土壤水分氮素分布进行实测试验研究，但该方法费时费力，然而，利用HYDRUS-2D软件对土壤水分和氮素进行数值模拟的方法能节省大量的人力、物力和时间，不同的降雨、地下条件、蒸腾、蒸发及土质下土壤的水氮分布皆可通过数值模拟的方法进行分析研究。本章根据第五章所测得的0~100 cm土层土壤与硝态氮含量值，利用HYDRUS-2D软件对土壤水氮迁移进行数值模拟，为农田进行合理的灌溉与施肥提供理论依据。

## 3.4.1 数学模型

### 3.4.1.1 控制方程

数值模拟是研究水氮运移特性的又一有效方式，确立适当的参数和定解条件便能得出精度较高的数值解。根据质量守恒定律和达西定律，对刚性土壤（各向同性且骨架不变形）介质，在滴灌条件下，假设各层土壤为均质并且不考虑温度及气象对土壤水分迁移的影响，土壤水分迁移可简化成线源剖面二维水分运动，其控制方程为：

$$\frac{\partial \theta}{\partial t} = \frac{\partial}{\partial x}\left[K(h)\frac{\partial h}{\partial x}\right] + \frac{\partial}{\partial z}\left[K(h)\frac{\partial h}{\partial z}\right] + \frac{\partial K(h)}{\partial z} \qquad (3.5)$$

式中，$x$ 为横向坐标 [L]；$t$ 为时间 [T]；$z$ 为垂向坐标 [L]，向上为正；$K(h)$ 为非饱和导水率 [LT$^{-1}$]；$h$ 为土壤负压水头 [L]；$\theta$ 为土壤体积含水率 [L$^3$L$^{-3}$]。滴灌条件下线源剖面二维硝态氮运动方程为：

$$\frac{\partial(\theta_c)}{\partial t} = \frac{\partial}{\partial x}\left(\theta D_{xx}\frac{\partial c}{\partial x} + \theta D_{xz}\frac{\partial c}{\partial z}\right) + \frac{\partial}{\partial z}\left(\theta D_{z}\frac{\partial c}{\partial z} + \theta D_{zx}\frac{\partial c}{\partial x}\right) - \left(\frac{\partial q_x c}{\partial x} + \frac{\partial q_z c}{\partial z}\right) + Q \qquad (3.6)$$

式中，$Q$ 为源汇项 [ML$^{-3}$T$^{-1}$]，主要指氮素各形态之间的转化作用，如矿化作用、硝化作用及反硝化作用引起的溶质的量的变化；$c$ 为土壤水中溶质的浓度 [ML$^{-3}$]；$q_x$，$q_z$ 分别为 $x$ 和 $z$ 方向上的土壤水分通量 [LT$^{-1}$]；$D_{xx}$，$D_{xz}$，$D_{zz}$ 为水动力弥散系数张量的分量 [L$^2$T$^{-1}$]，由式（3.7）~式（3.10）确定：

$$\theta D_{xx} = D_L\frac{q_x^2}{|q|} + D_T\frac{q_z^2}{|q|} + \theta D_w\tau \qquad (3.7)$$

$$\theta D_{zz} = D_L\frac{q_z^2}{|q|} + D_T\frac{q_x^2}{|q|} + \theta D_w\tau \qquad (3.8)$$

$$\theta D_{xz} = \theta D_{zx} = (D_L + D_T)\frac{q_x q_z}{|q|} \qquad (3.9)$$

$$\tau = \frac{\theta^{7/3}}{\theta_z^2} \qquad (3.10)$$

式中，$D_T$ 和 $D_L$ 分别为土壤横向和纵向的弥散度 [L]；$D_w$ 为硝态氮在自由水中的分子扩散系数 [L$^2$T$^{-1}$]；$\tau$ 表示土壤含水率的函数，为土壤孔隙的曲率因子。

### 3.4.1.2 初始条件和边界条件

假设各层土壤初始含水率和硝态氮浓度沿水平方向均匀分布，土壤水运动主要以垂直方向的入渗与蒸散发为主，忽略非饱和水流的滞后效应，模拟深度范围为 0~100 cm，则土壤水分和硝态氮运动的初始条件为：

$$\theta_i(x, z) = \theta_{0i} \quad 0 \leq x \leq X, \ z_i \leq z \leq z_t \quad t = 0 \qquad (3.11)$$

$$\theta_t(x,\ z) = \theta_0 \quad 0 \leqslant x \leqslant X,\ z_t \leqslant z \leqslant z_i \quad t = 0 \tag{3.12}$$

$$C_i(x,\ z) = c_0 \quad 0 \leqslant x \leqslant X,\ z_t \leqslant z \leqslant z_i \quad t = 0 \tag{3.13}$$

式中，$\theta_i$ 为第 $i$ 层土壤含水率 [$L^3L^{-3}$]；$C_i$ 为硝态氮浓度 [$ML^{-3}$]；$\theta_0$ 为 $\theta_i$ 的初始值；$C_0$ 为 $C_i$ 的初始值；$i$ 为土壤的层次，$z_{i上}$ 为 $i$ 层土壤上边界的纵坐标 [L]；$z_{i下}$ 为 $i$ 层土壤上下边界的纵坐标 [L]；$X$ 为 $i$ 层土壤右边界的横坐标 [L]。

上边界条件为土壤表面为大气边界：

$$-K(h)\frac{\partial h}{\partial x} - K(h) = \sigma'(t) \quad z = Z,\ 0 \leqslant x \leqslant X,\ t = 0 \tag{3.14}$$

$$\theta D_{xx}\frac{\partial C}{\partial x} = 0 \qquad z = Z,\ 0 \leqslant x \leqslant X,\ t > 0 \tag{3.15}$$

式中，$\sigma'(t)$ 为土壤表面的水流通量 [$LT^{-1}$]，试验过程中取 $\sigma'(t) = 0$。

大气边界仅受蒸发条件影响：

$$\theta(0,\ t) = \theta_1(0,\ t) \qquad z = 0,\ t > 0 \tag{3.16}$$

其中：$\theta$ 为土壤体积含水量（$cm^3 \cdot cm^{-3}$）；$z$ 为垂直方向空间坐标变量（cm）；$t$ 为时间变量（d）。

下边界设在 100 cm 处，假定自由排水和浓度梯度为零。则下边界条件为：

$$\frac{\partial h}{\partial z} = 0 \quad z = 100,\ 0 \leqslant x \leqslant 2,\ t > 0 \tag{3.17}$$

$$\theta D_z\frac{\partial C}{\partial z} = 0 \quad z = 100,\ 0 \leqslant x \leqslant X,\ t > 0 \tag{3.18}$$

### 3.4.1.3 模型参数

$$\theta_h = \begin{cases} \theta_r + \dfrac{\theta_s - \theta_r}{\left[1 + |\alpha h|^n\right]^m} & h < 0 \\[2ex] \theta_s & h \geqslant 0 \end{cases} \tag{3.19}$$

$$K(h) = K_s S_e^l\left[1 - \left(1 - S_e^{1/m}\right)^m\right]^2 \tag{3.20}$$

$$S_e = K_s S_e^l\left[1 - \left(1 - S_e^{1/m}\right)m\right]^2 \tag{3.21}$$

$$S_e = \frac{\theta - \theta_r}{\theta_s - \theta_r} \tag{3.22}$$

$$m = 1 - 1/n,\ n > 1 \tag{3.23}$$

式中，$S$ 为土壤体积含水率（$L^3L^{-3}$）；$h$ 为土壤负压水头（L）；$K_s$ 为土壤饱和导水率（$L^3L^{-3}$）；$\theta_r$ 和 $\theta_s$ 分别为残余含水率和土壤饱和含水率（$L^3L^{-3}$）；$a$、$n$ 和 $m$ 为拟合经验参数；$l$ 为孔隙连通性参数，对南疆盐渍化壤土类型可取 0.5。试验所用土壤的土壤饱和导水

率 $K_s$ 和 VG 模型参数 $\theta_s$、$\theta_r$、$a$、$n$ 分别为 0.043、0.045、0.450、0.027、1.393。纵向弥散度 DL 取 0.32 cm，横向弥散度取 0.0032 cm（$D_T = D_l/100$），下边界条件为设在 100 cm 处，上边界条件参考当地平均数据，硝态氮在自由水中的分子扩散系数模拟时取 0.0015 $cm^2 \cdot min$。应用 HYDRUS-2D 软件模拟水分和氮素在轻度盐渍化土壤上的运移。

## 3.4.2　二维土壤水分运移数值模拟

图 3-19 给出了土壤水分在垂直土壤剖面 100 cm 处的模拟值与实测值的对比结果。在 $W_H F_H$ 处理下，初始值与模拟值由于灌水量充足，部分水量超过土层，导致土壤水分在 80 cm 处开始向下渗漏，降低了水分利用率；在 $W_M F_H$ 处理下水分向下运移明显，土壤水分主要分布在 60～80 cm 处，在模拟前后及实测前后土壤含水量变化不明显，此时的土壤水分分布更接近于棉花主根系分布位置，从而更有利于棉花对水分的吸收，由预测结果可知，此时土壤含水率达到 0.17 $cm^3 \cdot cm^{-3}$，既符合棉花种子萌发所需的最低含水率（0.168 $cm^3 \cdot cm^{-3}$）要求，又可以节约水资源；在 $W_L F_H$ 处理下土壤水分主要分布在 20～40 cm 处，含水率随着土层深度增加逐渐变小，无深层渗漏现象，灌溉水利用效率高。在 50～60 cm 处出现左凸拐点，土壤含水率较高。模拟结果与实测结果均表明，在 $F_H$ 水平下，$W_H$、$W_M$、$W_L$ 处理的土壤含水率的实测值与模拟值吻合度良好，拟合度较高。HYDRUS-2D 软件可在轻盐度棉田土壤上控制棉花苗期土壤含水率、选择棉花合适的播种时机，保证棉田出苗率，并且节约水资源，为棉花稳产及高产提供理论依据。

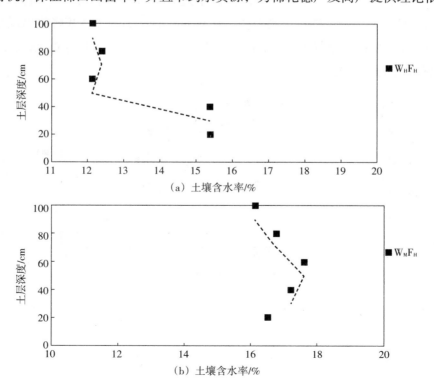

（a）土壤含水率/%

（b）土壤含水率/%

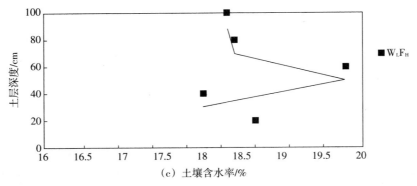

(c) 土壤含水率/%

**图3-19　土壤含水率的实测值与模拟值**

## 3.4.3　二维土壤氮素运移数值模拟

由图3-20可知，在高氮（$F_H$）处理下，$W_M F_H$处理下的硝态氮含量相对而言含量最低；$W_H$处理较$W_M$、$W_L$处理在垂直地下80～100 cm处氮素累加量较大，这是由于随着土层深度的增加，土壤硝态氮向下迁移明显致使肥料发生了淋失。在$W_H F_H$处理下，氮素累积量主要集中在40～60 cm处，由于灌水量充足，虽然棉花对氮肥的吸收和利用得到提升，但是不利于棉花根系对氮肥的吸收与利用。在$W_L$处理下，由于灌水量小肥料溶解不充分，硝态氮没有随水分向下运移，而是累积在土壤表层，导致80～100 cm处氮素累加量较小。由图（a）（d）（e）可知，施氮量过高和过低都会导致肥料的利用率降低，出现肥料淋失现象，造成肥料浪费。在$W_H F_M$处理下，氮素累积峰值出现在60～80 cm处，与棉花主要根系分布处在基本相同的位置，土壤硝态氮含量分布比较合理，在这个范围内有助于棉花的生长。

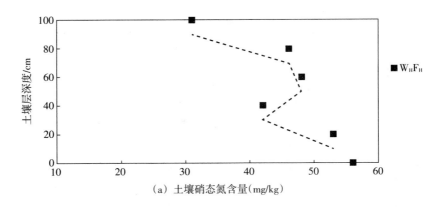

（a）土壤硝态氮含量(mg/kg)

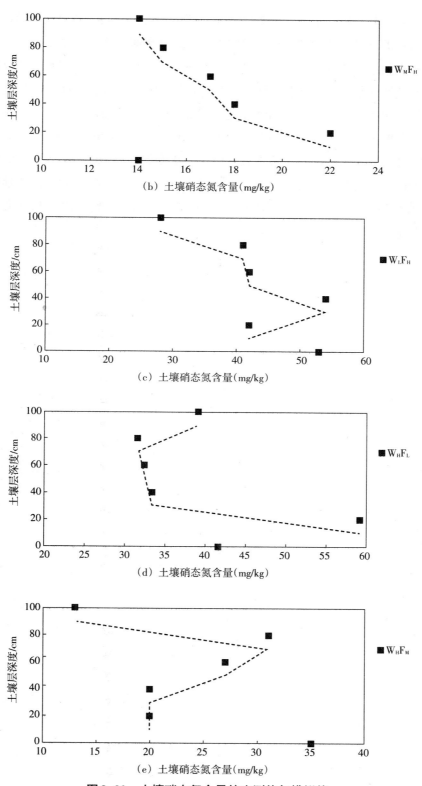

图3-20　土壤硝态氮含量的实测值与模拟值

综上所述，本章基于HYDRUS-2D建立了轻度盐分处理条件下水氮运移模拟模型，对土壤水氮运移进行了模拟，通过与试验结果对比，结果表明土壤含水率与硝态氮的迁移模拟结果和实测结果吻合良好。利用模型模拟研究了高氮水平下不同水处理及同一灌水水平下不同氮处理条件下对地下水分和硝态氮分布的影响，结果表明在$W_HF_M$处理下，氮素累积峰值出现在$60\sim80$ cm处，土壤硝态氮含量分布比较合理，在这个范围内有助于棉花的生长；在$W_MF_H$处理下，水分向下运移明显，土壤水分主要分布在$60\sim80$ cm处，此时的土壤水分分布更接近于棉花主根系分布位置，从而更有利于棉花对水分的吸收，既符合棉花种子萌发所需的最低含水率要求，又可以节约水资源。在南疆盐渍化地区，可以通过调控灌水和施氮水平来满足作物对水氮的需求，提高作物对水分和氮素的利用效率，从而提高棉花产量。

# 第4章 滴管高产棉花模拟研究

## 4.1　Cotton2K模型与相关研究方法

### 4.1.1　Cotton2K模型

#### 4.1.1.1 模型的架构体系

Cotton2K可以在生理过程水平上模拟棉花的生长发育和产量的形成，它是一个动态模型，其基础结构组成是建立在GOSSYM的基础之上的。Cotton2K的结构框架如图4-1所

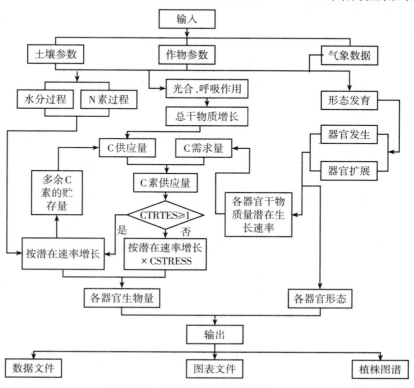

图4-1　Cotton2K模型框架图

示。具体地，Cotton2K是对GOSSYM模型中某些参数（如灌水形式、土壤系统环境等）做了一定的改动，与此同时，也校正了GALGOS中的某些参数及模型输出的呈现方式等。

## 4.1.1.2　输入及输出资料

Cotton2K模型结构复杂，参数涉及面广，参数量大。具体输入参数可大致分为下列五种。

①气象数据：日最高、最低温度，降雨量，风速，太阳辐射等。

②土壤初始值：土壤层次，$NO_3^-$—N、$NH_4^+$—N含量，有机质含量和含水量（%）。

③土壤基本性质参数：土壤层次，土壤残余含水量，$\alpha$、$\beta$系数，饱和、田持时导水率，容重和黏土、沙土颗粒含量（%）。

④农业措施参数：灌水和施肥时间、用量、方法及肥料种类，中耕时间、深度，化学试剂施用时间和用量。

⑤模拟文件基本信息：经度、纬度、海拔高度、品种、行距、株距、播种和出苗时间等。

按照输出变量的类型划分，模型输出包括：①天气数据；②土壤数据；③植株数据（形态指标和各器官的干物量）；④水分和N胁迫指标。

## 4.1.1.3　模型的模块解析

从模拟过程看，Cotton2K模型主要分为棉花的生长发育模块和土壤过程模块。本文只重点介绍物候期模块。物候期模块中模拟了果前茎节的发生过程、发生首蕾的日期、叶枝的发生、果枝的发生、果点的发生、铃的形成、吐絮等过程。

（1）棉花生理天数的计算

模型中采用热量单位degree days的概念计算生理天数，其计算公式如下：

$$PHYDAY = \sum_{1}^{24} \left( Tmp(ihr) - 12/(26 - 12) \right) \tag{4.1}$$

其中，温度的临界值为12℃，一个生理天数等于平均温度为26℃的一天。$Tmp(ihr)$为一天中每小时的温度，温度和热单位的积累在12℃至33℃之间呈线性关系，且$Tmp(ihr)$小于12℃和大于33℃时，分别认为等于12℃和33℃。

（2）果前茎节发生的计算

模型假定果前茎节数最多9个，发生一个果前茎节需要的生理天数为2.45～2.65天，由参数$VarPar[33]$决定。

（3）首蕾发生的计算

首蕾的发生日期由从萌发到出现蕾这段时间内空气温度的平均值（$Avtemp$）决定，首蕾的发生时间，也即出苗后的天数$Tsql$，其计算公式如下：

$$Tsql = (p2 + Avtemp) \times (p3 + Avtemp \times p4) \times VarPar[30] \qquad (4.2)$$

同时，蕾的发生受水分和氮素胁迫的影响，计算公式如下：

$$Sumstrs = p5 \times (waterStress) + p6 \times (1 - NStressVeg) \qquad (4.3)$$

$$Tsql = Tsql - Sumstrs \qquad (4.4)$$

其中，$VarPar[30]$ 为品种参数，$p2$、$p3$、$p4$、$p5$ 和 $p6$ 为常数，$Sumstrs$ 为总的胁迫因子，$WaterStress$ 为水分胁迫系数，$NStressVeg$ 为氮素对营养器官发生的胁迫因子。

（4）叶枝的发生

模型假设包括主茎在内最多发生 3 个叶枝，且叶枝的发生受平均气温和种植密度的影响。如果叶枝为 1 且单株占地面积大于 $10 \ dm^2$ 时，或者叶枝为 2 且单株占地面积大于 $15 \ dm^2$ 时，则调用叶枝发生程序。发生下一个叶枝的时间是最后一个叶枝第一个节间平均温度的函数，公式如下：

$$TimeToNextVegBranch = Vpvegb[0] + AvrgNodeTemper[NumVegBranches - 1][0][0] \times (Vpvegb[1]$$
$$+ AvrgNodeTemper[NumVegBranches - 1][0][0] \times Vpvegb[2]) \qquad (4.5)$$

其中，$Vpvegb[0]$、$Vpvegb[1]$ 和 $Vpvegb[2]$ 是常数。

同时，叶枝的发生受碳胁迫和氮胁迫的影响，如果下式成立，则叶枝发生：

$$AgeofSite[NumVegBranches - 1][0][0] \geq (TimeToNextVegBranch + delayVegByCStress$$
$$+ PhenDelayByNStress + DaysTolstSqare) \qquad (4.6)$$

其中，$AgeofSite[NumVegBranches - 1][0][0]$ 为最后一个叶枝的第一个果点的生理年龄，$delayVegByCStress$ 为碳胁迫对营养生长延迟的影响因子，$PhenDelayByNStress$ 为碳胁迫对物候延迟的影响因子，$DaysTolstSqare$ 为首蕾发生的时间。

（5）果枝的发生

模型假定每个叶枝最多发生 30 个果枝。主茎上果枝的时间是平均气温的函数，计算公式如下：

$$TimeToNextFruBranch = VarPar[35] + Tav \times (Vfrtbr[3] + Tav \times (Vfrtbr[4] + Tav \times Vfrtbr[5]))$$
$$\qquad (4.7)$$

其中，$Tav$ 是气温的平均值，$Vfrtbr[3]$、$Vfrtbr[4]$、$Vfrtbr[5]$ 是常数。

叶枝上果枝的发生除了与平均气温的函数有关外，还与种植密度、碳胁迫因子、氮胁迫因子有关，计算公式如下：

$$TimeToNextFruBranch = TimeToNextFruBranch \times Vfrtbr[6] \qquad (4.8)$$

$$TimeToNextFruBranch = TimeToNextFruBranch \times (1 + Vfrtbr[7] \times (1 - DensityFactor))$$
$$+ DelayNewFruBranch[k] \qquad (4.9)$$

$$DelayNewFruBranch[k] = delayByNStress + vfrtbr[0] \times PhenDelayByNStress$$
$$+Vfrtbr[1] \times (1 - WaterStress) \tag{4.10}$$

其中，$Tav$ 为发生期间气温的平均值，$VarPar[35]$ 为用户可以调节的参数，$Vfrtbr[6]$ 和 $Vfrtbr[7]$ 是常数，$DensityFactor$ 是种植密度影响因子，$DelayNewFruBranch[k]$ 是延迟因子。

（6）果枝上茎节的发生

模型假定每个果枝最多发生5个茎节，茎节的发生是平均气温的函数，同时受种植密度、碳胁迫、氮胁迫和水分的影响，除此之外还受生长调节剂PIX的影响。

茎节的发生时间与气温的关系如下：

$$TimeToNextFruNode = VarPar[36] + Tav \times \left(Vfrtnod[3] + Tav \times \left(Vfrtond[4] + Tav \times Vfrtnod[5]\right)\right) \tag{4.11}$$

同时，受种植密度和胁迫因子的影响，

$$TimeToNextFruNode = TimeToNextFruNode \times (1 + VarPar[37]) \times (1 - DensityFactor)$$
$$+DelayNewNode[k][1] \tag{4.12}$$

胁迫因子计算公式如下：

$$DelayNewNode[k][1] = \left(DelayFrtByCStress + vfrtnod[0] \times PhenDelayByNStress\right)/Pixdn$$
$$+vfrtnod[1] \times (1 - WaterStress) \tag{4.13}$$

其中，$DelayFrtByCStress$ 为碳胁迫对生殖器官发育的影响因子，$Pixdn$ 为生长调节剂对茎节发生的影响因子。

（7）铃的发育

果节点的发育包括果实状态之间的转化，果实状态分为0—7级，0是还没有形成果点；1是蕾；2是成铃；3是裂铃；4是铃脱落；5是蕾脱落；6是花脱落；7是幼铃。模型首先计算各个果点的生理年龄，生理年龄被极限温度修正，即过高的温度和过低的温度都延迟发育。如果蕾的生理年龄大于6.1，状态转化成7级幼铃，此时的铃特别容易脱落，因此先要设定首花的日期，再计算铃的生理年龄，水分和氮素胁迫延迟铃的发育，低于3的叶面系数加速铃的发育。当幼铃的生理年龄大于等于9时，晋级为成铃。当成铃的生理年龄大于 $Dehiss$（开花到铃开裂所需要的时间）时，铃的状态晋级为3。式（4.14）是 $Dehiss$ 的计算公式，它是温度的函数，同时受叶面系数的影响。

$$Dehiss = VarPar[39] + Atn \times \left(Vboldhs[1] + Atn \times \left(Vboldhs[2] + Atn \times Vboldhs[3]\right)\right) \tag{4.14}$$

$$Fdhslai = Dpar2 + LeafAreaIndex \times (1 - Ddpar2)/Ddpar1 \tag{4.15}$$

其中，$VarPar[39]$ 为用户可以调节的参数，$Atn$ 为修正过的铃的平均温度，$Vboldhs[2]$、$Vboldhs[3]$ 为常数，$Fdhslai$ 为叶面系数影响系数，$LeafAreaIndex$ 为叶面系数，$Dpar1$ 和

$Dpar2$ 为常数。

# 4.1.2　敏感性分析方法

## 4.1.2.1　局部敏感性分析方法

局部敏感性分析方法（one-factor-at-atime，OAT）可概述为"一次一个因素"方法，顾名思义，它是通过变量控制的手段，在每次对模型进行分析时，对于模型的所有输入参数，始终保持变动的参数仅有一个，然后根据模型的输出变量来评估该参数对模型影响的大小。由此可知，OAT实现原理浅显易懂，实际执行操作便利，但却有一定的片面性。OAT仅可分析模型的某个参数是否会影响模型的输出及大致的影响程度，但它并未将模型输入的所有参数间的影响作用计算在参数对模型输出的整体影响之内。OAT不适用于具有复杂结构和多维参数空间的模型，其采用的方法可能会失败。OAT无法对具有较大参数范围的参数进行分析。随着研究者的探索，又有新的方法被提出，比如Morris筛选法等，OAT已不再受到研究者的青睐。

## 4.1.2.2　Morris筛选法

为了解决局部敏感性参数分析方法在实际应用中的不足，Morris在1991年首先提出了Morris筛选法，Campolongo对其性能进行了提高。Morris筛选法利用OAT搜索方法，计算输入参数对输出结果的基础效应进行灵敏度的分析。具体地，对于模型输入的每个参数 $x$，选取适当的函数映射 $f$（$f$ 的值域为 $0 \sim 1$），计算 $f(x)$，再将 $f(x)$ 离散化，使其成为一个具有 $p$ 个等级的 $n$ 维样本空间，接着按OAT的原理所述，对模型输入参数随机采样。本质上，Morris方法所提供的参数值并不是固定的，难免在实验中产生不同的结果，因此，在使用Morris法时，我们往往会进行重复采样，若记重复采样次数为 $r$，则模拟运行的总数为 $r(L+1)$，其中，$L$ 为参数个数。最后计算各参数对模型输出变量响应值的平均值 $\mu$ 和标准差 $\sigma$。其中，$\mu$ 的大小可以用来衡量某个参数对模型输出影响度的大小，且 $\mu$ 的大小和参数对模型输出的影响度成正相关。$\sigma$ 用来描述各输入参数间的影响作用对模型输出的影响度，且 $\mu$ 的大小和参数间的相互作用也成正相关。Morris筛选法运算效率高，运算误差小，通常用于模型结构复杂或者运算开销过大的情况。然而，如果敏感参数的个数不是远小于所有参数的个数，其也没法满足量化每个参数对模型输出变量不确定性的具体贡献。

## 4.1.2.3　全局敏感性分析方法

与OAT和Morris筛选法相比，使用全局敏感性分析法的优点更为突出，因此，它在实际中被使用最多。全局敏感性分析法的优势可大致概括如下：能够将模型输入参数间的相互作用进行量化，使得分析时更为直观；一次分析的参数个数不唯一，即能够同时分析多个参数，并且不会受到参数值范围大小的约束；能够分析结构复杂的模型（如参数量大等）而不会受到具体模型建立的约束。目前，Sobol′法、FAST法和EFAST法是常见的应用于作物模型的全局敏感性分析方法。Saltelli等人将Sobol′法和FAST法相结合，创造了EFAST法，这也是迄今为止效率最高的全局敏感性分析方法之一。EFAST法主要是通过对模型输出进行参数方差分解，并将参数对模型输出的敏感度按照参数个数的不同分为两类：一类为一阶灵敏度，通常使用单个参数对结果的影响程度进行评估；一类为总灵敏度，主要考虑参数间的相互作用对模型结果影响程度的大小。算法详细介绍参考Saltelli等的研究，其算法简单介绍如下：

模型 $y=f(x_1, x2, \cdots, xk)$ 采用合适的转换函数将其转换为 $y=f(s)$，对 $f(s)$ 进行傅里叶变换得：

$$y=f(s) = \sum_{i=-\infty}^{\infty}\{Aj\cos(is) + Bj\sin(is)\} \tag{4.16}$$

$$A_i = \frac{1}{NS}\sum_{K=1}^{NS}f(sk)\cos(wisk) \tag{4.17}$$

$$B_i = \frac{1}{Ns}\sum_{k=1}^{Ns}f(sk))\sin(wisk) \tag{4.18}$$

其中，$Ns$ 为样本数，$i \in \bar{Z} = \left\{-\frac{NS-1}{2}, \cdots, -1, 0, 1, \cdots, \frac{NS-1}{2}\right\}$。

傅里叶级数的频谱被定义为 $\Delta_i = A_i + B_i$，计算频率 $\omega_i$ 可得到由参数 $x_i$ 变化所引起的模型输出方差 $V_i$：

$$V_i = 2\sum_{i=1}^{+\infty}\Delta_i\omega_i \tag{4.19}$$

模型结果的总方差 $V(Y)$ 可分解为：

$$V = \sum_i V_i + \sum_{i\neq j} V_{ij} + \sum_{i\neq j\neq m} V_{ijm} + \cdots + V_{i, j, \cdots, k} \tag{4.20}$$

其中，$V_i$ 为参数 $x_i$ 输入变化单独引起的模型方差，$V_{ij}$ 为参数 $x_i$ 通过参数 $x_j$，$x_m$ 作用贡献的方差，以此类推，$V_{1, 2, \cdots, k}$ 为参数 $x_i$ 通过 $x_{1, 2, \cdots, k}$ 贡献的方差。参数 $x_i$ 对模型输出总方差的直接贡献可用一阶敏感性指数 $S_i$ 表示：

$$S_i = \frac{V_i}{V(Y)} \tag{4.21}$$

总敏感性指数 $ST_i$ 为：

$$ST_i = \frac{V(Y) - V_{-i}}{V(Y)} \tag{4.22}$$

其中 $V_{-i}$ 为不包括参数 $x_i$ 的所有参数方差之和。

### 4.1.2.4　SimLab敏感性与不确定性分析软件

本文进行敏感性分析，借助于欧盟委员会联合研究中心（JRC）提供的SimLab软件，自第一版推出以来，该中心一直为SimLab软件的设计和开发提供资金帮助。欧共体发布政策，根据最终用户许可协议，SimLab软件可供任何个人、公司或者组织免费下载、安装和使用。

图4-2为SimLab软件主界面。SimLab是一个基于Monte Carlo（MC）的不确定性和敏感性分析的软件，其通过概率选择的模型进行多次模拟评估，然后利用评估结果来确定模型预测中的不确定性和导致这种不确定性的输入变量，其中，Monte Carlo方法生成指定样本的伪随机数。大体上分为以下五个步骤。

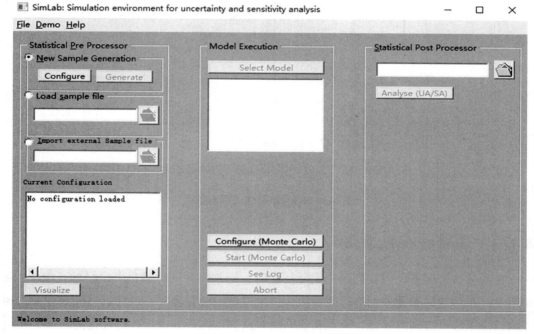

**图4-2　SimLab软件主界面**

Step1：对于模型的每个输入变量，都指定它们的定义域及各自的分布形式。如果分析是探索性的，则输入变量的分布形式未知，此时可大概假定出它们的分布形式。

Step2：由Step1确定的变量的定义域及其分布形式，得到一连串的样本元素。

Step3：在模型中输入由Step2所得的这一系列样本元素，获取模型的输出值。本质上，是将模型输入变量和输出变量相对应，得到它们之间的映射关系，为后续分析奠定基础。

Step4：Step3获得的结果可用来分析模型的不确定性，同时使用方差和均值来描述这种不确定性程度，并且对Step3的结果，也给出了其他的统计信息。

Step5：由Step3获得的结果来分析该模型的敏感性。

由图4-3可知，SimLab软件的主要组织结构由3部分构成，分别是统计预处理、模型计算及统计后处理。这3个部分基本涵盖了以上总结的所有步骤。其中，统计预处理包含Step1和Step2，主要作用是在输入因子的空间中生成一个样本；模型计算执行是Step3，主要对输入样本组合执行模型；统计后处理包含Step4和Step5两个步骤，主要进行不确定性和敏感性分析。

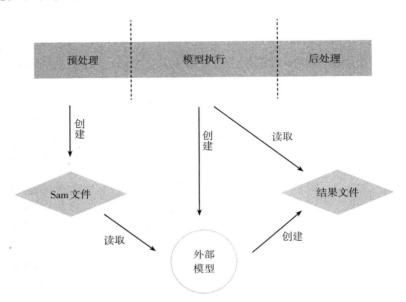

**图4-3　SimLab软件流程示意图**

## 4.1.3　多目标优化算法

在大多数情况下，当我们解决实际问题时，通常需要同时满足多个目标（OB）。换句话说，在对这些问题分别进行建模后，一个模型中会有多个非线性目标同时存在，相应的目标函数也需同时处理，但在我们同时对这些目标函数进行改进优化的时候，相应的非线性目标又往往是彼此矛盾的，这就是多目标优化问题（MOPs）。与之相对应的就是单目标优化问题（SOPs）。虽然在SOPs中已经明确地给出了最优解的定义，但是，该定义却不可引申至MOPs中，这是由MOPs的最优解的不唯一性决定的。和SOPs不同的是，MOPs往往没有单一的最优解，而是具有一个解集，该解集中的元素均为MOPs的最优解，而该解集就是MOPs的非劣最优解集，也叫Pareto。

### 4.1.3.1　多目标进化算法的基本框架

多目标进化算法从随机生成的一组初始种群开始，对初始种群进行适应度评估、选择、重组、变异和循环等过程，直到满足一定的终止条件。其具体步骤如下。

Step1：种群初始化。给定种群 $P_0 = \varnothing$，$t=0$，随机选取 $N$ 个构成 $P_o$ 的个体。

Step2：适应度评价。由相应的评价方法对 $P_t$ 中的每个个体 $i$ 给定适应度值 $F(i)$。

Step3：选择。给定 $P' = \varnothing$，根据个体 $i$ 的适应度值 $F(i)$，选择个体 $i \in Pt$，令 $P' = P' + \{i\}$。

Step4：重组。给定 $P'' = \varnothing$，在 $P'$ 中选取两个个体 $i$，$j$，将 $i$，$j$ 作为父代进行重组，生成的子代记作 $k$，$l \in I$，然后由交叉概率将 $k$，$l$ 或 $i$，$j$ 加入 $P''$。

Step5：变异。给定 $P''' = \varnothing$，对 $P''$ 中的每个个体 $i$，由变异概率执行变异操作，所得结果记为 $j \in I$，且 $P''' = P''' + \{j\}$。

Step6：终止条件。给定 $P_{t+1} = P'''$，$t = t+1$。若终止条件成立，则停止执行算法。否则，转入Step2。

其中，$t$ 表示进化代数；$P_0$ 表示初始种群；$P_t$ 表示第 $t$ 代种群；$i$，$j$，$k$，$l$ 表示个体；$I$ 表示个体空间；$P'$ 表示交配池；$P''$ 表示重组后的种群；$P'''$ 表示变异后的种群；$N$ 表示种群规模。

### 4.1.3.2　Pareto最优解理论

帕累托最优（Pareto optimality）又名帕累托效率（Pareto efficiency）。一开始人们只是用它来讨论经济学方面的问题，也是学习博弈论时不能跳过的一个重要定义。帕累托最优描述的是这样的一种场景，以任意一方都不会变坏为前提，让其中至少一方相较之前变得更好，简言之，描述的是资源分配场景中的状态变化问题。在后续的不断研究中，人们发现帕累托最优理论也能够适用于MOPs的解决。相关定义如下。

**定义4.1**（Pareto支配）。

对于决策向量 $a$、$b$，$a \prec b$（$a$ 支配 $b$），当且仅当 $\forall i \in \{1, 2, \cdots, K\}$，$f_i(a) \leqslant f_i(b)$ 且 $\exists j \in \{1, 2, \cdots, K\}$，$f_j(a) \prec f_j(b)$。

**定义4.2**（Pareto最优解）

决策向量 $x \in X$ 对于集合 $A \subseteq X$ 来说为非支配的，当且仅当 $\exists a \in A : a \prec x$。如果 $x$ 对于可行解集X来说是非支配的，则称 $x$ 为Pareto最优解。

**定义4.3**（Pareto最优解集）

所有Pareto最优解构成的集合，定义如下：

$$P = \{x \in X | \exists a \in A : a \prec x\} \tag{4.23}$$

**定义4.4**（非支配解集和非支配前端）

设集合 $A \subseteq X$，$p(A)$ 为 $A$ 中非支配解的集合：$p(A) = \{a \in A | \exists b \in A, b \prec a\}$ 则称集合 $p(A)$ 为 $A$ 的非支配解集，相应的目标向量集合 $f(p(A))$ 为 $A$ 的非支配前端。对于 $X$ 来说，$Xp = p(X)$ 为Pareto最优解集，$Yp = f(Xp)$ 为Pareto最优前端。

**定义 4.5**（Pareto 前沿）

由 Pareto 最优解集 $P$ 中所有 Pareto 最优解所对应的目标函数向量组成的曲面为 Pareto 前言 $P_f$:

$$P_f = \left\{ f(x*) = \left( f_1(x*), \ f_2(x*), \ \cdots, \ f_m(x*) \right) \middle| x* \in P \right\} \tag{4.24}$$

在求解 MOPs 时，如果优化目标函数中存在两个彼此矛盾的目标分量，则无法在优化解空间中得到一个全局最优点，而只能得到一组点（或折中解），即上面定义的 Pareto 最优解集，然后通过用户的偏好选取一个或一组 Pareto 最优解，即满意解。

### 4.1.3.3　NSGA-Ⅱ算法

目前求解 Pareto 前沿解的大多数算法，是在数学规划和遗传算法的基础上进行的。多目标遗传算法主要是用来分析和求解 MOPs 的一类进化算法，它的核心是协调各目标函数之间的关系，找出使各目标函数尽可能大（或小）的最优解集。NSGA-Ⅱ算法（带精英策略的非支配排序遗传算法）是影响最大、适用范围最广的一种多目标遗传算法。

（1）NSGA-Ⅱ算法优点

NSGA-Ⅱ算法自出现以来，以其简单、有效和明显的优点成为 MOPs 的基本算法之一。

① NSGA-Ⅱ提出了快速的非支配（non-dominated）排序，使计算复杂性在一定程度上有所减小，进而提高了算法的运行效率。一般的多目标算法复杂度为 mN3，而 NSGA-Ⅱ可以做到 mN2（m 为目标函数个数，N 为种群的大小）。

② NSGA-Ⅱ改进了原先 NSGA 算法为保留解的多样性而采用的共享函数。提出了拥挤比较算子（crowded-comparison operator），从而避免了人为输入参数的不确定性。

（2）NSGA-Ⅱ算法流程

首先定义参数：定义 $P_i$ 为第 $i$ 代种群，$P_0$ 为初始种群。种群中个体数为 $N$。$Q_i$ 为通过遗传算法产生的第 $i$ 子代，数目也为 $N$。算法描述如下。

① 随机产生初代种群 $P_0$，个体数为 $N$。

② 通过交叉算子与遗传算子得到子代 $Q_0$。

③ 合并种群 $P_0$ 与 $Q_0$，得到个数为 $2N$ 的种群。

④ 通过快速非支配排序算法求得种群中每个个体的适应度函数。

⑤ 利用拥挤比较算子进行自然选择过程。同时，在选择过程中引用精英机制（elitism），保留排在前面的非支配曲面。具体来说，首先，保留最优非支配曲面的所有解。如果数量小于 $N$，则保留第 2 个非支配曲面的所有解，以此类推，直到该非支配曲面的所有解都不能被保留，即保留的总数大于 $N$，然后使用拥挤比较算子选择适应度函数值

更优的解，直到总数达到$N$，完成选择过程。

⑥ 得到个体数为$N$的下一代种群$P_1$。

⑦ 按照模型的规定进化次数重复执行2~6步，直至完成算法。

## 4.1.4　小结

本节首先从Cotton2K模型的框架、输入及输出资料，以及模块解析（物候期模块）等方面进行了详细介绍，然后介绍了敏感性分析方法（局部敏感性分析方法、Morris筛选法、全局敏感性分析方法），并比较了3种的方法的优缺点，还简要介绍了EFAST方法的原理和SimLaab敏感性与不确定性分析软件的工作流程。最后着重介绍了多目标优化算法的相关概念及多NSGA-Ⅱ算法的优点和算法流程。为Cotton2K模型对品种参数敏感性分析及优化奠定了基础。

# 4.2　试验准备与数据处理

本试验以"中棉619"为研究对象，以2019年试验数据作为模型参数校正数据，以2020年试验数据作为模型模拟参数校正验证数据。试验在新疆阿拉尔市十团农科所节水灌溉试验田进行，供试土壤为砂壤土，2020年4月25日播种，种植密度为24株/m²，小区面积为72m²，重复3次。灌溉方式为滴灌，施肥量分别为N 272.8 kg/hm²，$K_2O$ 138.3 kg/hm²和$P_2O_5$ 102.7 kg/hm²。设计3个可控水水分试验，设3800 m³/hm²（W1），4200 m³/hm²（W2）和4600 m³/hm²（W3）共3个灌水处理，根据棉花不同生育期所需水分不同，苗期、蕾期、花铃期和吐絮期灌水定额分别控制在4%、25%、63%和8%左右，共灌水12次，由水表控制灌水定额。每个小区随机取10株，定期调查叶干物质、茎干物质等指标，调查棉花各生育期的时间，收获期每次采摘记录产量并计算总产量。

## 4.2.1　数据获取

### 4.2.1.1　气象数据

本试验主要利用国家气象科学数据中心网站（http：//data.cma.cn）来获取近30年（1989—2019）的逐日气象资料，获得的气象数据包括逐日最高和最低温度、平均风速、降雨量和日照时数等。同时逐年计算"中棉619"全生育期内的累积积温，按照积温大小选择了具有代表性的3年的气象数据，分别为偏冷年型（2010年）、一般年型（2005年）和偏热年型（2012年）。

#### 4.2.1.2 土壤数据

土壤数据包括土壤初始值和土壤基本性质参数。在试验地滴灌前后对土壤进行不同深度取样，采用烘干法对土壤进行含水率测定。试验测定的土壤信息主要包括黏土颗粒含量（%）、砂土颗粒含量（%）、土壤硝态氮（mg/kg）、土壤氨态氮（mg/kg）、饱和含水率（$cm^3 \cdot cm^{-3}$）、田间持水量（$cm^3 \cdot cm^{-3}$）、有机质含量（%），容重（$g \cdot cm^{-3}$）等。

#### 4.2.1.3 农业管理数据

农业管理数据包括农业措施参数和模拟文件基本信息。在田间试验过程中记录田间管理数据，包括播种管理信息，如行距、株距、播种和出苗等；肥料管理信息，如施肥时间、用量等；灌溉管理信息，如灌水时间、用量、方法等。查询资料确定试验地所在的经度、纬度和海拔高度等信息。

### 4.2.2 数据处理方法

#### 4.2.2.1 棉花生长指标测定

① 各生育期日期：观测棉花生长发育情况，记录各生育期日期。

② 棉花生物量（茎干物质、叶干物质）测定：定期测定棉花的部分生物量，每个试验小区选择5株棉花，连根拔起。在实验室称棉花的茎、叶鲜重，置于105℃烘箱内杀青30 min，取出放置在实验室干燥通风处，最后用感量为0.001 g的电子天平称取干物质质量。

③ 棉花皮棉产量测定：棉花完全吐絮后，将试验小区内的棉花全部采摘称重，然后按照小区面积换算成亩产，最后换算皮棉产量。

$$Y = \frac{y}{m} \tag{4.25}$$

其中，$Y$为籽棉产量（kg/亩），$m$为小区面积（0.108亩），$y$为小区籽棉重量（kg）。

$$N = Y \times r \tag{4.26}$$

其中，$N$为皮棉产量，$Y$为籽棉产量（kg/亩），$r$为衣分率，一般取值40%。

#### 4.2.2.2 太阳辐射计算

由于Cotton2K模型气象资料需要太阳辐射数据，本文采用FAO提出的Angstom公式（4.27）来计算，将日照时数转化为太阳辐射数。

$$R_s = \left(a_s + b_s \frac{n}{N}\right) \times R_a \tag{4.27}$$

其中，$a_s$ 和 $b_s$ 是与大气质量有关的参数，由联合国农粮组织FAO所提出的建议值（$a_s=0.25$、$b_s=0.5$）在中国无辐射观测资料地区被大量使用，$n$ 为日照时数，$N$ 为可能日照时数 ［公式（4.28）］，$R_a$ 为大气上届入射辐射 ［公式（4.29）］。

$$N = \frac{24}{\pi} w_s \qquad (4.28)$$

$$R_a = 37.6 dr \left( w_s \sin\alpha \sin\beta + \cos\alpha \cos\beta \sin w_s \right) \qquad (4.29)$$

其中，$w_s$ 为日面中心的时角 ［公式（4.30）］，$d_r$ 为日地距离系数 ［公式（4.31）］，$\alpha$ 为测点维度，$\beta$ 为地球赤道平面与太阳和地球中心的连线之间的夹角 ［公式（4.32）］。

$$w_s = \arccos(-\tan\alpha \tan\beta) \qquad (4.30)$$

$$d_r = 1 + 0.033\cos(0.172 J) \qquad (4.31)$$

$$\beta = 0.4209\sin(0.0172 J - 1.39) \qquad (4.32)$$

其中，$J$ 为日序，即每年的1月1日则为1。

最后，根据Cotton2K模型气象数据格式要求，将太阳辐射数据整理成要求的格式。

# 4.3 模型敏感性参数分析

## 4.3.1 参数选择及取值范围

在Cotton2K模型中，所有参数都是以可更改的外部文件形式导入模型。对于Cotton2K模型中50个品种参数而言，并非所有的参数对于模型输出结果都具有影响，因此选取影响较大的参数进行调整是十分必要的。Cotton2K模型说明资料表示，在进行品种参数调整时，50个品种参数中有4个品种参数一般设置为默认值，如表4-1所示，而其他品种参数都有相应的取值范围。在Cotton2K模型中品种参数文件以.DAT格式保存，模型参数服从均匀分布。本试验主要对46个品种参数进行敏感性分析，各参数的名称及取值范围如表4-2所示。

表4-1　未进行调整的品种参数及默认值

| 参数名 | 参数含义 | 默认值 |
| --- | --- | --- |
| VARPAR10 | 铃生长率（g PD-1） | 0.3293 |
| VARPAR13 | 方铃展前茎生长 | 0.040 |
| VARPAR23 | 垂直主干生长 | 0.10 |
| VARPAR34 | 初始叶面积（dm²） | 0.04 |

表4-2 待调整的品种参数及取值范围

| 参数名 | 参数含义 | 取值范围 | 参数名 | 参数含义 | 取值范围 |
|---|---|---|---|---|---|
| VARPAR01 | 密度对生长的影响 | 0.00 ~ 0.08 | VARPAR27 | 主干节点延迟，C应力 | 0.82 ~ 0.88 |
| VARPAR02 | 果前节叶片生长 | 0.22 ~ 0.30 | VARPAR28 | 果期延迟，C胁迫 | 2.15 ~ 2.30 |
| VARPAR03 | 果前节叶片生长 | 0.008 ~ 0.014 | VARPAR29 | 果期延迟，C胁迫 | 1.36 ~ 1.44 |
| VARPAR04 | 果前节叶片生长 | 0.50 ~ 0.60 | VARPAR30 | 温度对方铃的影响 | 0.96 ~ 1.10 |
| VARPAR05 | 主茎节叶片生长 | 1.20 ~ 1.65 | VARPAR31 | 早熟节点发育（PD） | 2.45 ~ 2.65 |
| VARPAR06 | 主茎节叶片生长 | 0.008 ~ 0.010 | VARPAR32 | 早熟节点发育（PD） | 1.35 ~ 2.00 |
| VARPAR07 | 主茎节叶片生长 | 20 ~ 24 | VARPAR33 | 早熟节点发育（PD） | 1.15 ~ 1.60 |
| VARPAR08 | 结果枝上的叶生长 | 0.10 ~ 0.14 | VARPAR35 | 果枝发育 | −30.0 ~ −31.0 |
| VARPAR09 | 棉铃生育期（PD） | 27.0 ~ 29.0 | VARPAR36 | 果实发育 | −53.0 ~ −55.40 |
| VARPAR11 | 最大干铃质量（g） | 8.420 ~ 9.482 | VARPAR37 | 果实发育 | 0.80 ~ 4.50 |
| VARPAR12 | 方铃展前茎生长 | 0.25 ~ 0.38 | VARPAR38 | 落叶对叶龄的影响 | 2.50 ~ 3.20 |
| VARPAR14 | 方铃展前茎生长 | 0.010 ~ 0.014 | VARPAR39 | 温度影响，开裂 | −292.0 ~ −295.0 |
| VARPAR15 | 方铃展后茎生长 | 1.60 ~ 2.80 | VARPAR40 | 温度影响，开裂 | 1.00 ~ 1.08 |
| VARPAR16 | 方铃展后茎生长 | 1.24 ~ 1.50 | VARPAR41 | 温度影响，产量 | 54.56 ~ 56.80 |
| VARPAR17 | 方铃展后茎生长 | 0.38 ~ 0.48 | VARPAR42 | 温度影响，产量 | 0.5500 ~ 0.6755 |
| VARPAR18 | 方铃展后茎生长 | 0.10 ~ 0.14 | VARPAR43 | 脱落强度，C应力 | 0.46 ~ 0.58 |
| VARPAR19 | 垂直主干生长 | 0.32 ~ 0.40 | VARPAR44 | 脱落强度，水分胁迫 | 0.38 ~ 0.50 |
| VARPAR20 | 垂直主干生长 | 0.12 ~ 0.17 | VARPAR45 | 方铃脱落的概率 | 0.16 ~ 0.36 |
| VARPAR21 | 垂直主干生长 | 14.6 ~ 17.0 | VARPAR46 | 方铃脱落的概率 | 0.01 ~ 0.08 |
| VARPAR22 | 垂直主干生长 | −2.4 ~ −2.6 | VARPAR47 | 棉铃脱落的可能性 | 4.0 ~ 5.0 |
| VARPAR24 | 垂直主干生长 | 0.100 ~ 0.175 | VARPAR48 | 棉铃脱落的可能性 | 1.20 ~ 1.48 |
| VARPAR25 | 垂直主干生长 | 1.95 ~ 2.30 | VARPAR49 | 棉铃脱落的可能性 | 5.0 ~ 8.0 |
| VARPAR26 | 垂直主干生长 | 0.60 ~ 1.08 | VARPAR50 | 棉铃脱落的可能性 | 0.50 ~ 0.80 |

## 4.3.2 试验设计及数据说明

棉花的生长发育主要取决于作物的积温，即温度的高低将影响棉花的发育状况。不同年份之间的气象条件具有一定的差异，而棉花的生长直接受气象条件的限制和影响。为了研究不同水平年的气象条件对参数敏感性分析结果的影响，根据近30年国家气象科学数据中心网站的逐日气象资料，逐年计算研究区"中棉619"全生育期内的积温大小，排序之后选取偏冷年型（2010年）、一般年型（2005年）和偏热年型（2012年）的气象数据，分别运用这3年的气象数据驱动模型。采用Cotton2K模型模拟棉花生长，在不同典型年分别采用SimLab软件集成的EFAST法对该模型进行敏感性分析。本研究考虑模型的3种输出，即叶干物质、茎干物质、皮棉产量。此外，模型中的其他参数均根据田间试验资料设置。

## 4.3.3　研究方法

### 4.3.3.1　Cotton2K 模型的运行

Cotton2K模型需要输入的参数较多，模型结构较为复杂，但其可视化界面友好，操作简单，有助于模型使用。Cotton2K模型可视化界面如图2-4所示。

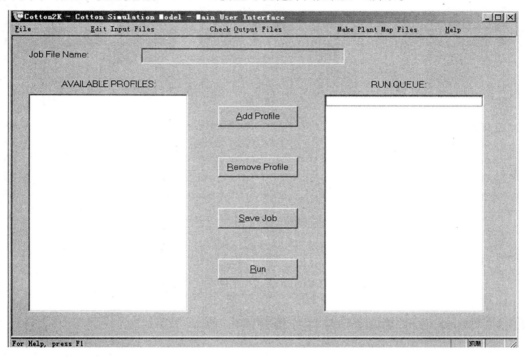

**图4.4　Cotton2K模型可视化界面**

在模型可视化界面中，第一行菜单包括File按钮，用于打开模拟文件（Job File Name用于显示模拟的文件）；Edit Input Files按钮，用于编辑输入文件；Check Output Files按钮，用于检查输出文件；Make Plant Map Files按钮，用于制作植物地图；Help按钮，为模型运行提供帮助。两个编辑框AVAILABLE PROFILES、RUN QUEUE分别用于存放可配置文件和要运行的配置文件。两个编辑框中间的四个按键，Add Profile用于添加配置文件；Remove Profile用于删除配置文件；Save Job用于保存模拟文件；Run用于运行模型。

Cotton2K模型可以通过可更改的外部文件进行模拟，在尝试运行模型之前，首先，需要配置Profiles文件。Profiles文件数据包括气象数据、土壤数据和农业管理数据，其文件扩展名为.Pro。然后，需要选择品种类型和站点类型，其中品种类型文件扩展名为.dat。最后，建立新的模拟文件，需要生成扩展名为.Job的文件驱动模型运行。

在进行模型品种参数敏感性分析时，需要对每个品种参数样本进行模拟。本研究通过 Python 语言实现模型模拟所需外部文件，文件示例如图 4-5 所示。由于站点类型对研究地区模拟结果影响不大，在本试验中模型模拟所需的站点类型选取与本试验研究区域相近的站点类型。

| 名称 ^ | 修改日期 | 类型 | 大小 |
|---|---|---|---|
| 0001.pro | 2020/12/26 22:19 | PRO 文件 | 1 KB |
| 0002.pro | 2020/12/26 22:19 | PRO 文件 | 1 KB |
| 0003.pro | 2020/12/26 22:19 | PRO 文件 | 1 KB |
| 0004.pro | 2020/12/26 22:19 | PRO 文件 | 1 KB |
| 0005.pro | 2020/12/26 22:19 | PRO 文件 | 1 KB |

| 名称 ^ | 修改日期 | 类型 | 大小 |
|---|---|---|---|
| 0001.dat | 2020/12/26 22:19 | DAT 文件 | 1 KB |
| 0002.dat | 2020/12/26 22:19 | DAT 文件 | 1 KB |
| 0003.dat | 2020/12/26 22:19 | DAT 文件 | 1 KB |
| 0004.dat | 2020/12/26 22:19 | DAT 文件 | 1 KB |
| 0005.dat | 2020/12/26 22:19 | DAT 文件 | 1 KB |

| 名称 ^ | 修改日期 | 类型 | 大小 |
|---|---|---|---|
| sa.job | 2020/12/26 22:19 | JOB 文件 | 38 KB |

**图 4-5　Cotton2K 模型模拟所需文件示例**

### 4.3.3.2　Extended FAST 敏感性分析方法

扩展傅里叶幅度检验法（extent fourier amplitude sensitivity test，EFAST）是一种基于方差的全局敏感性分析方法，其中，以一阶敏感性指数 $Si>0.05$，全局敏感性指数 $STi>0.1$ 作为敏感性指数（sensitivity index，SI）的取值标准。

### 4.3.3.3　主要研究步骤

模型中需要进行敏感性分析的 46 个作物参数均具有一定的取值范围和分布特征，构成了一个多维参数空间，采用 EFAST 法进行敏感性参数分析。敏感性分析流程如图 4-6 所示。

主要步骤如下。

① 选择 Cotton2K 模型的 46 个品种参数，确定各参数的取值范围和均匀分布形式。

② 利用 Monte Carlo 方法对参数随机采样，取采样次数 9982 次（EFAST 方法认为采样次数大于参数个数 ×65 的分析结果有效）。

③ 采用Python语言编写Cotton2K模型能够识别的输入文件并对上一步参数进行批量处理，求得模型运算结果。

④ 从每次运行的模拟结果中提取模型输出变量，并将提取的模型输出变量转换成SimLab软件识别的格式。

⑤ 使用SimLab软件进行敏感性分析，统计3年敏感性分析结果。

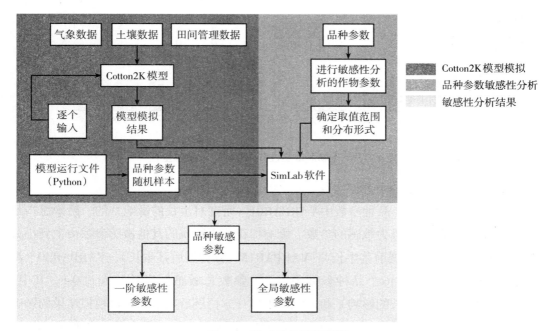

**图4-6　敏感性分析流程图**

## 4.3.4　结果与分析

### 4.3.4.1　一般年型敏感性指数

（1）基于叶干物质的敏感性指数

从图4-7可以看出，品种参数中VARPAR30（温度对方铃的影响）的一阶敏感指数为0.1824，是影响结果最为敏感的参数。影响叶干物质的其他敏感性参数由大到小分别为VARPAR01（密度对生长的影响）、VARPAR32［早熟节点发育（PD）］、VARPAR37（果实发育）、VARPAR35（果枝发育）。在46个品种参数中，有8个参数总敏感性指数均超过0.1。其中，VARPAR35（果枝发育）和VARPAR39（温度影响，开裂）对模拟结果的影响最为显著，总敏感性指数分别为0.3586和0.2747，说明对模拟产量的贡献率分别为35.86%和27.47%。其次，VARPAR27（主干节点延迟，C应力）和VARPAR01（密度对生长的影响）对棉花产量的贡献率为24.61%和21.37%。最后，VARPAR12（方铃展前茎生长）、VARPAR37（果实发育）、VARPAR30（温度对方铃的影响）和

VARPAR16（方铃展后茎生长）的总敏感指数依次为0.1997、0.1817、0.1662和0.1330。

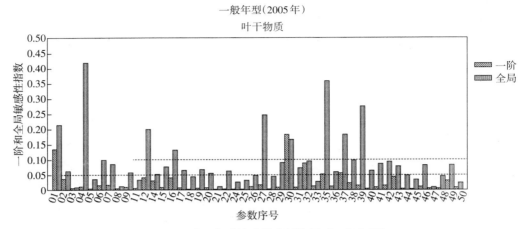

图4-7　叶干物质敏感性分析结果（一般年型）

（2）基于茎干物质的敏感性指数

从图4-8可以看出，品种参数中VARPAR01（密度对生长的影响）的一阶敏感指数为0.1954，是影响结果最为敏感的参数。影响棉花茎干物质的其他敏感参数由大到小分别为VARPAR12（方铃展前茎生长）、VARPAR15（方铃展后茎生长）、VARPAR30（温度对方铃的影响）。在46个品种参数中有7个参数总敏感性指数均超过0.1。其中，VARPAR01（密度对生长的影响）和VARPAR15（方铃展后茎生长）对模拟结果的影响最为显著，总敏感性指数分别为0.4038、0.3931，说明对模拟产量有40.38%和39.31%的贡献。其次，VARPAR12（方铃展前茎生长）和VARPAR30（温度对方铃的影响）对棉花产量的贡献为34.09%和22.93%。最后，VARPAR43（脱落强度，C应力）、VARPAR16（方铃展后茎生长）、VARPAR17（方铃展后茎生长）的总敏感指数依次为0.1926、0.1503和0.1203。

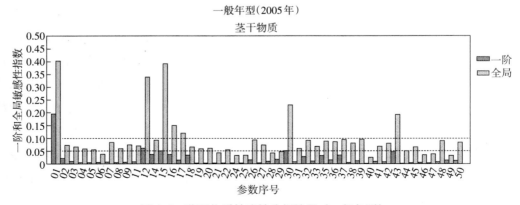

图4-8　茎干物质敏感性分析结果（一般年型）

（3）基于产量的敏感性指数

从图4-9可以看出，品种参数中VARPAR49（棉铃脱落的可能性）的一阶敏感指数为0.1983，是影响结果最为敏感的参数。影响棉花产量的其他敏感参数由大到小分别为VARPAR43（脱落强度，C应力）、VARPAR42（温度影响，产量）、VARPAR41（温度影响，产量）。在46个品种参数中，有9个参数总敏感性指数均超过0.1。其中，VARPAR43（脱落强度，C应力）和VARPAR22（垂直主干生长）对模拟结果的影响最为显著，总敏感性指数分别为0.3468和0.2775，说明对模拟产量有34.68%和27.75%的贡献。其次，VARPAR41（温度影响，产量）和VARPAR42（温度影响，产量）对棉花产量的贡献为21.21%和24.45%。最后，VARPAR26（垂直主干生长）、VARPAR29（果期延迟，C胁迫）、VARPAR49（棉铃脱落的可能性）、VARPAR31［早熟节点发育（PD）］和VARPAR01（密度对生长的影响）的总敏感指数依次为0.2067、0.2019、0.1879、0.1461和0.1372。

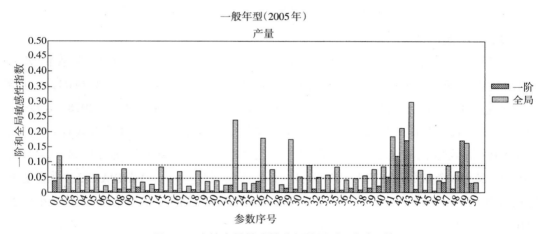

**图4-9  皮棉产量敏感性分析结果（一般年型）**

## 4.3.4.2  偏冷年型敏感性指数

（1）基于叶干物质的敏感性指数

如图4-10所示，对于叶干物质，一阶敏感性指数大于0.05的参数依次为VARPAR01（密度对生长的影响）、VARPAR30（温度对方铃的影响）、VARPAR35（果枝发育）、VARPAR32［早熟节点发育（PD）］，敏感性指数分别为0.2543、0.1139、0.0831、0.0596，其他参数的值均小于0.05。全局敏感性指数大于0.1的参数有9个，包括一阶敏感性指数大于0.05的4个参数，按值大小依次为VARPAR01（密度对生长的影响）、VARPAR35（果枝发育）、VARPAR12（方铃展前茎生长）、VARPAR38（落叶对叶龄的影响）、VARPAR07（主茎节叶片生长）、VARPAR46（方铃脱落的概率）、VARPAR30（温度对方铃的影响）、VARPAR37（果实发育）、VARPAR32［早熟节点发育（PD）]，对应的值分别为 0.3929、0.2835、0.2628、0.1885、0.1832、0.1770、0.1713、0.1480、0.1264。

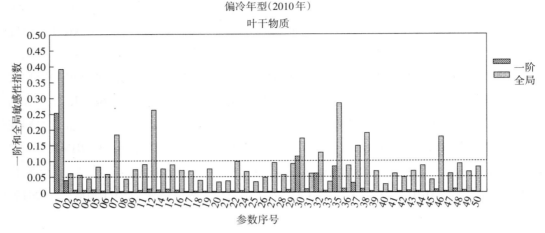

**图4-10 叶干物质敏感性分析结果（偏冷年型）**

（2）基于茎干物质的敏感性指数

如图 4-11 所示，对于茎干物质，一阶敏感性指数大于 0.05 的参数依次为 VARPAR01（密度对生长的影响）、VARPAR15（方铃展后茎生长）、VARPAR12（方铃展前茎生长）、VARPAR30（温度对方铃的影响），敏感性指数分别为 0.2078、0.1206、0.0617、0.0512，其他参数的值均小于 0.05。全局敏感性指数大于 0.1 的参数有 7 个，全局敏感性指数最大的前 3 个与一阶敏感性指数一致，其值分别为 0.3888、0.3210、0.2540，其他 4 个参数依次为 VARPAR11 [最大干铃质量（g）]、VARPAR22（垂直主干生长）、VARPAR16（方铃展后茎生长）、VARPAR43（脱落强度，C 应力），其大小分别为 0.2133、0.1729、0.1427、0.1258。

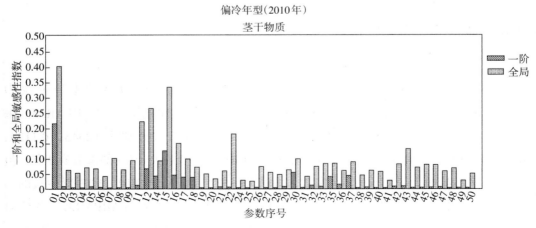

**图4-11 茎干物质敏感性分析结果（偏冷年型）**

（3）基于产量的敏感性指数

如图4-12所示，对于产量，一阶敏感性指数大于0.05的参数依次为VARPAR49（棉铃脱落的可能性）、VARPAR42（温度影响，产量）、VARPAR43（脱落强度，C应力）、VARPAR41（温度影响，产量），敏感性指数分别为0.2492、0.1250、0.0959、0.0511，其他参数的值均小于0.05。全局敏感性指数大于0.1的参数有8个，包括一阶敏感性指数大于0.05的4个参数，按值大小依次为VARPAR49（棉铃脱落的可能性）、VARPAR43（脱落强度，C应力）、VARPAR42（温度影响，产量）、VARPAR22（垂直主干生长）、VARPAR41（温度影响，产量）、VARPAR01（密度对生长的影响）、VARPAR45（方铃脱落的概率）、VARPAR30（温度对方铃的影响），对应的值分别为0.3550、0.2157、0.1993、0.1945、0.1369、0.1067、0.1063、0.1015。

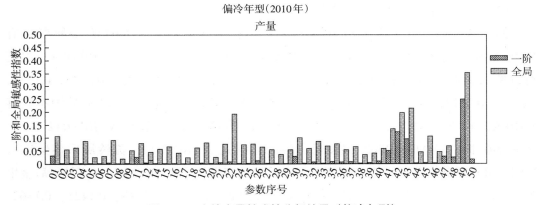

图4-12 皮棉产量敏感性分析结果（偏冷年型）

### 4.3.4.3 偏热年型敏感性指数

（1）基于叶干物质的敏感性指数

如图4-13，对于叶干物质，一阶敏感性指数大于0.05的品种参数有VARPAR01（密度对生长的影响）、VARPAR30（温度对方铃的影响）、VARPAR35（果枝发育），敏感性值分别为0.2486、0.1396、0.0562，其余参数的值均小于0.05；全局敏感性指数大于0.1的品种参数有VARPAR01（密度对生长的影响）、VARPAR12（方铃展前茎生长）、VARPAR35（果枝发育）、VARPAR27（主干节点延迟，C应力）、VARPAR30（温度对方铃的影响）、VARPAR15（方铃展后茎生长）、VARPAR46（方铃脱落的概率）、VARPAR49（棉铃脱落的可能性），敏感性值分别为0.3847、0.2867、0.2506、0.2371、0.2163、0.1867、0.1173、0.1562，其他参数的值均小于0.1。

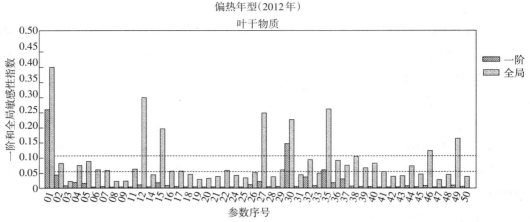

图4-13 叶干物质敏感性分析结果（偏热年型）

（2）基于茎干物质的敏感性指数

如图4-14所示，对于茎干物质，一阶敏感性指数大于0.05的品种参数有VARPAR01（密度对生长的影响）、VARPAR15（方铃展后茎生长）、VARPAR30（温度对方铃的影响）、VARPAR12（方铃展前茎生长），敏感性值分别为0.2836、0.1231、0.0982、0.0518，其余参数的值均小于0.05；全局敏感性指数大于0.1的品种参数有VARPAR01（密度对生长的影响）、VARPAR15（方铃展后茎生长）、VARPAR12（方铃展后茎生长）、VARPAR30（温度对方铃的影响）、VARPAR17（方铃展后茎生长）、VARPAR35（果枝发育）、VARPAR16（方铃展后茎生长）、VARPAR14（方铃展后茎生长），敏感性值分别为0.3841、0.3104、0.2548、0.2328、0.1725、0.1423、0.1362、0.1152，其他参数的值均小于0.1。

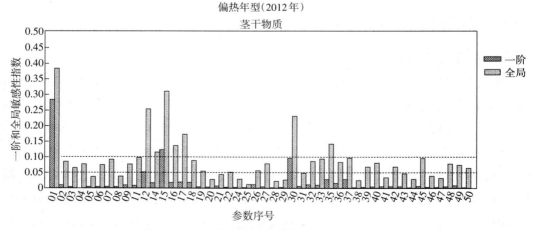

图4-14 茎干物质敏感性分析结果（偏热年型）

（3）基于产量的敏感性指数

如图4-15所示，对于皮棉产量，一阶敏感性指数大于0.05的品种参数有

VARPAR42（温度影响，产量）、VARPAR43（脱落强度，C应力）、VARPAR49（棉铃脱落的可能性）、VARPAR41（温度影响，产量）、VARPAR30（温度对方铃的影响）、VARPAR26（垂直主干生长），敏感性值分别为0.2168、0.1577、0.1142、0.0805、0.0789、0.0600，其余参数的值均小于0.05；全局敏感性指数大于0.1的品种参数有VARPAR42（温度影响，产量）、VARPAR29（果期延迟，C胁迫）、VARPAR43（脱落强度，C应力）、VARPAR30（温度对方铃的影响）、VARPAR49（棉铃脱落的可能性）、VARPAR45（方铃脱落的概率）、VARPAR26（垂直主干生长）、VARPAR41（温度影响，产量）、VARPAR27（主干节点延迟，C应力），敏感性值分别为0.3463、0.2477、0.2306、0.2214、0.2056、0.1946、0.1688、0.1487、0.1265，其他参数的值均小于0.1。

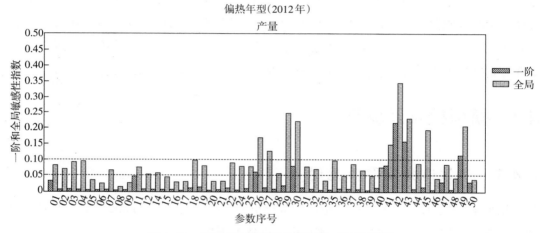

图 4-15　皮棉产量敏感性分析结果（偏热年型）

### 4.3.4.4　结果讨论

图4-7、图4-10、图4-13为不同典型气象下叶干物质的一阶和全局敏感性指数图，对比发现，一阶敏感性指数排在前两位的参数相同，并且一阶敏感性指数较大的参数在全局敏性分析结果中也有很高的贡献率。对全局敏感性指数而言，不同气候条件下全局敏感性指数有一定的差异。参数VARPAR01（密度对生长的影响）对偏冷、偏热年的叶干物质影响最大，而一般年VARPAR35（果枝发育）的贡献率最高。参数VARPAR01（密度对生长的影响）敏感指数较高的原因主要是在气温较高的环境，棉花生长较快，宜适稀重；而气候温凉的环境，无霜期较短，宜适密种。棉花植株的生长旺盛程度，直接影响叶片的大小，进而降低或者提高最终叶干物质量。因为果枝的发育状况影响果枝叶片的数量和大小，所以气候一般年型，参数VARPAR35（果枝发育）超出了其他参数的敏感指数。

图4-8、图4-11、图4-14为不同典型气象下茎干物质的一阶和全局敏感指数图，

对比发现，一阶敏感性指数大于0.5的参数完全相同，只是在顺序上不同。对于全局敏感性指数而言，不同气候条件下，位列前3位的敏感参数一致，并且排列顺序也一致。参数VARPAR01（密度对生长的影响）为最敏感参数，其次是VARPAR15（方铃展后茎生长）和VARPAR12（方铃展后茎生长）。合理的种植密度有利于提高光能利用率，对棉株长势影响较大。而参数VARPAR15（方铃展后茎生长）和VARPAR12（方铃展后茎生长）是影响棉株茎生长的关键参数，对茎干物质的多少起着重要的作用。

图4-9、图4-12、图4-15为不同典型气象下皮棉产量的一阶和全局敏感指数图，对比发现，一阶敏感性指数排在前4位的参数一致，他们只是敏感值大小不同。对于全局敏感性指数而言，一阶敏感性指数对于0.05的参数，在全局敏感性指数中也有较高的贡献率。不同气象（一般、偏冷、偏热）条件下，最敏感的参数各不相同，它们分别是VARPAR43（脱落强度，C应力）、VARPAR49（棉铃脱落的可能性）、VARPAR42（温度影响，产量）。VARPAR43（脱落强度，C应力）影响着棉株器官部位的脱落，虽然这3个参数的含义不同，但是他们都是影响棉花最终产量最直接的参数。

# 4.4 模型校正及验证

## 4.4.1 参数选择及取值范围

根据4.3关于Cotton2K模型敏感性参数分析的结果，选择Cotton2K模型中的10个参数进行参数优化，各参数的名称、默认值及取值范围如表4-3所示。

表4-3 待优化的品种参数及取值范围

| 参数名 | 参数含义 | 取值范围 |
|---|---|---|
| VARPAR01 | 密度对生长的影响 | 0.00～0.08 |
| VARPAR12 | 方铃展前茎生长 | 0.25～0.38 |
| VARPAR15 | 方铃展后茎生长 | 1.60～2.80 |
| VARPAR27 | 主干节点延迟，C应力 | 0.82～0.88 |
| VARPAR30 | 温度对方铃的影响 | 0.96～1.10 |
| VARPAR35 | 果枝发育 | −30.0～−31.0 |
| VARPAR41 | 温度影响，产量 | 54.56～56.80 |
| VARPAR42 | 温度影响，产量 | 0.5500～0.6755 |
| VARPAR43 | 脱落强度，C应力 | 0.46～0.58 |
| VARPAR49 | 棉铃脱落的可能性 | 5.0～8.0 |

## 4.4.2　试验设计及数据说明

以"中棉 619"为研究对象，采用 Cotton2K 模型模拟棉花生长。基于多目标优化算法，结合 2019—2020 年田间试验中叶干物质、茎干物质、皮棉产量的实际观测资料，对 Cotton2K 模型中的敏感性参数进行优化和验证；通过评价模型 2019—2020 年各生育期日期、叶干物质、茎干物质、皮棉产量的模拟精度，总结 Cotton2K 模型参数优化过程中的问题和基本步骤。

## 4.4.3　研究方法

### 4.4.3.1　多目标优化算法

多目标优化也被称为多准则优化或向量优化，它的目的是要找到这样一组折中的解。本章采用遗传算法中的 NSGA-Ⅱ算法，其详细原理请见 4.1.3.3。

### 4.4.3.2　Python 中的多目标优化

本章采用 pymoo 框架提供的最先进的多目标优化算法确定参数最优值。该框架由计算优化与创新实验室（COIN）的 Julian Blank 开发维护，实验室由美国密歇根州的密歇根州立大学的 Kalaynmoy Deb 监管。在大多数情况下，pymoo 框架被用于解决连续问题，但其他变量类型也可使用。pymoo 框架中的遗传算法（NSGA-Ⅱ算法）是模块类的，用户可以通过修改采样、交叉和突变（在某些情况下还可以修复）去实现自己的目标要求。

### 4.4.3.3　参数优化步骤

根据 4.3 模型敏感性参数分析结果，选择 10 个对模拟结果影响较大的参数。然后再次使用 Monte Carlo 方法选择 Cotton2K 模型参数集，但仅在模型敏感性参数分析出的影响较大的参数中进行，第二次选择的参数集没有进行敏感性分析。相反，第二次 Monte Carlo 方法采样后的模拟结果被用于模型参数优化，以识别在测量结果和模拟结果之间提供最佳一致性的参数集。

具体步骤如下。

① 选择对模型结果影响较大的 10 个参数，确定各参数的取值范围和均匀分布形式。

② 利用 Monte Carlo 方法对参数随机采样，取采样次数 5000 次（EFAST 方法认为采样次数大于参数个数×65 的分析结果有效）。

③ 采用 Python 语言编写 Cotton2K 模型能够识别的输入文件，并对上一步参数进行批量处理，求得模型运算结果。

④ 从每次运行的模拟结果中提取模型输出结果，并将提取的模型输出结果整理成文本格式。

⑤ 修改pymoo框架提供的多目标优化算法（NSGA-Ⅱ算法），包括采样、交叉和突变等。

⑥ 运行程序获取最优解集，确定模型敏感性品种参数最优值。

### 4.4.4 参数校正结果

本研究采用蒙特卡洛取样方法，对选取的参数在其取值范围内进行5000次的随机取样，修改并运行pymoo框架提供的多目标优化算法（NSGA-Ⅱ算法），最终确定了以叶干物质、茎干物质和皮棉产量为因变量的模型参数值，如表4-4所示。

**表4-4 品种参数优化结果**

| 参数名 | 参数含义 | 参数值 | 优化值 |
| --- | --- | --- | --- |
| VARPAR01 | 密度对生长的影响 | 0.03 | 0.05 |
| VARPAR12 | 方铃展前茎生长 | 0.25 | 0.30 |
| VARPAR15 | 方铃展后茎生长 | 2.8 | 1.60 |
| VARPAR27 | 主干节点延迟，C应力 | 0.82 | 0.88 |
| VARPAR30 | 温度对方铃的影响 | 1.05 | 0.96 |
| VARPAR35 | 果枝发育 | −30.2 | −30.99 |
| VARPAR41 | 温度影响，产量 | 56.80 | 55.58 |
| VARPAR42 | 温度影响，产量 | 0.55 | 0.62 |
| VARPAR43 | 脱落强度，C应力 | 0.51 | 0.59 |
| VARPAR49 | 棉铃脱落的可能性 | 5.0 | 5.95 |

### 4.4.5 模型验证和评估

本研究选取2019年棉花实验数据进行参数优化，2020年试验数据进行模型的验证和评估。采用多种统计方法作为验证和评价指标来评价模型校正和验证结果的可靠性，包括绝对相对误差ARE、均方根误差RMSE、相对均方根误差$n$RMSE。ARE数值越小，模拟值越接近实测值。RMSE和$n$RMSE的值越大，模拟值与实测值偏离越大，两者的一致性越好，模型的结果越准确可靠。一般认为，$n$RMSE < 0%为极好，10%≤$n$RMSE < 20%为好，20%≤$n$RMSE < 30%为中等，$n$RMSE≥30%为差。它们的计算公式分别为：

$$ARE = \frac{|P_i - M_i|}{M_i} \times 100\% \tag{4.33}$$

$$RMSE = \sqrt{\frac{1}{n}\sum_{i=1}^{n}(P_i - M_i)^2} \tag{4.34}$$

$$nRMSE = \frac{RMSE}{\bar{M}} \times 100\% \qquad (4.35)$$

式中，$P_i$ 为第 $i$ 个模拟值，$M_i$ 为第 $i$ 个实测值，$\bar{M}$ 为实测平均值，$n$ 为样本数。

#### 4.4.5.1　生育期日期模拟

由表 4-5 发现，对于首蕾日、首花日、首絮日日期，除了 2019 年首蕾日相差 17d 外，其余均相差 0～4d。2019 年首蕾日误差较大，这是播种后连续的低温和降雨导致的。2019 年、2020 年 60%吐絮日误差较大，分别相差 18d、14d，这可能是模型模拟过程中不考虑病虫害及受气候因素的影响。

表 4-5　各生育期日期观测与模拟结果

| 年份 | 日期 | 模拟值 | 观测值 | 误差(d) |
|---|---|---|---|---|
| 2019 | 首蕾日 | 6.70 | 6.24 | 17d |
|  | 首花日 | 7.60 | 7.60 | 0d |
|  | 首絮日 | 8.30 | 8.26 | 4d |
|  | 60%吐絮日 | 9.20 | 9.20 | 18d |
| 2020 | 首蕾日 | 6.40 | 6.50 | 1d |
|  | 首花日 | 7.30 | 7.50 | 2d |
|  | 首絮日 | 8.30 | 8.27 | 3d |
|  | 60%吐絮日 | 9.17 | 9.30 | 14d |

#### 4.4.5.2　干物质模拟

表 4-6、表 4-7 表明，2019 年、2020 年叶干物质实测值与模拟值的平均 ARE 值分别为 23.41%、22.87%，与叶干物质相比，茎干物质的实测值与模拟值吻合度较高，两年平均 ARE 值分别为 12.78%和 13.25%。两年叶干物质的实测值与模拟值的 RMSE 值分别为 365.72 kg·hm$^{-2}$ 和 359.06 kg·hm$^{-2}$，$nRMSE$ 值依次为 24.3%和 23.0%，模型模拟结果的可靠性属于中等等级。两年茎干物质的实测值与模拟值的 RMSE 值分别为 276.65 kg·hm$^{-2}$ 和 297.24 kg·hm$^{-2}$，$nRMSE$ 值依次为 18.1%和 19.0%，模型模拟结果的可靠性属于较好等级。比较不同灌水处理下实测值与模拟值的 ARE 值发现，灌水越充足，ARE 值越大，吻合度越低。

表 4-6　不同灌溉方式下叶干物质模拟精度对比

| 年份 | 灌水方式 | 观测值(kg·hm$^{-2}$) | 模拟值(kg·hm$^{-2}$) | ARE(%) | RMSE(kg·hm$^{-2}$) | $nRMSE$(%) |
|---|---|---|---|---|---|---|
| 2019 | W1 | 1355 | 1606 | 18.52 |  |  |
|  | W2 | 1512 | 1873 | 23.90 | 365.72 | 24.30 |
|  | W3 | 1642 | 2098 | 27.80 |  |  |

表4-6（续）

| 年份 | 灌水方式 | 观测值(kg·hm⁻²) | 模拟值(kg·hm⁻²) | ARE(%) | RMSE(kg·hm⁻²) | nRMSE(%) |
|------|----------|----------------|----------------|--------|---------------|----------|
| | W1 | 1387 | 1698 | 22.40 | | |
| 2020 | W2 | 1592 | 1947 | 22.30 | 359.06 | 23.00 |
| | W3 | 1698 | 2103 | 23.90 | | |

表4-7　不同灌溉方式下茎干物质模拟精度对比

| 年份 | 灌水方式 | 观测值(kg·hm⁻²) | 模拟值(kg·hm⁻²) | ARE(%) | RMSE(kg/hm²) | nRMSE(%) |
|------|----------|----------------|----------------|--------|--------------|----------|
| | W1 | 1251 | 1303 | 4.16 | | |
| 2019 | W2 | 1494 | 1353 | 9.44 | 276.65 | 18.10 |
| | W3 | 1839 | 1384 | 24.74 | | |
| | W1 | 1270 | 1310 | 3.10 | | |
| 2020 | W2 | 1535 | 1367 | 10.94 | 297.24 | 19.00 |
| | W3 | 1890 | 1405 | 25.70 | | |

### 4.4.5.3 产量模拟

由表4-8可知，2019年、2020年皮棉产量、模拟产量的平均ARE值分别为9.93%、10.04%，模拟值与观测值吻合度较好。两年皮棉产量、模拟产量的均方根误差（RMSE）分别为172.65 kg·hm⁻²、174.38 kg·hm⁻²，nRSME值依次为10.03%、10.00%，3个指标均在合理范围内，其中，nRSME值在10%~20%之间，模型模拟结果的可靠性属于较好等级。对比不同灌水处理下ARE值的大小发现，W₂处理下皮棉产量、模拟产量的吻合度最好。

表4-8　不同灌溉方式下产量模拟精度对比

| 年份 | 灌水方式 | 皮棉产量（kg·hm²） | 模拟产量（壹kg·hm⁻²） | ARE（%） | RMSE（kg·hm⁻²） | nRMSE（%） |
|------|----------|-------------------|----------------------|---------|-----------------|-----------|
| | W1 | 159 | 1818 | 13.77 | 172.65 | 10.03 |
| 2019 | W2 | 1741 | 1876 | 7.75 | | |
| | W3 | 1824 | 1975 | 8.28 | | |
| | W1 | 1611 | 1798 | 11.61 | 174.38 | 10.00 |
| 2020 | W2 | 1771 | 1930 | 8.98 | | |
| | W3 | 1845 | 2021 | 9.54 | | |

### 4.4.5.4 模型评估

从验证结果来看，对于生育期日期模拟，除了60%吐絮日误差较大外，其他生育期模拟结果均在合理范围内，其中，2019年首蕾日相差17d，这是由播种后连续的低温和降雨造成的。但是，该模型在棉花精准种植管理中是针对正常的生育期进行管理决策的，所以它可以提供主要生育期的预报。

对比干物质的观测值与模拟值发现，叶干物质的模拟值大于观测值，茎干物质的模拟值小于观测值。这可能是因为模型没有考虑棉花整枝、打顶的影响。观测值与模拟值吻合度相比，茎干物质强于叶干物质，模型模拟结果的可靠性属于较好等级。两年皮棉产量与模拟产量的吻合度较好，$n$RSME值分别为10.03%和10.00%。与皮棉产量吻合度相比，叶干物质、茎干物质的吻合度相对较差。

总之，模型能很好地模拟皮棉产量，并提供主要的生育期预报，还能反映出不同水处理对于棉花皮棉产量、干物质（叶干物质、茎干物质）的影响。但对叶干物质的模拟不够理想，需要进一步改进。

# 第5章  DSSAT模型对不同灌溉施氮棉花产量评价

## 5.1  DSSAT模型与相关研究方法

### 5.1.1  DSSAT模型研究现状

1981年，美国和加拿大多个大学与研究所开始研发DSSAT（农业技术转让决策支持系统），到目前为止，DSSAT模型已经更新到v4.7版本，集成了CROPGRO、CERES、SUBSTOR、CAUSUPRO、CANEGRO、CROPSIM、AROID、ALOHA等众多作物模型。目前DSSAT模型能对27种农作物实现模拟和决策，其中CROPGRO模型能够对四季豆、刀豆、菜豆、大豆、花生、鹰嘴豆、豇豆、绒毛豆8种豆类作物；卷心菜、西红柿、甜椒3种蔬菜；苜蓿、百喜草、百慕达草、臀行草4种牧草；棉花1种纤维作物实现模拟。CERES模型能够对粟米、水稻、甜玉米、高粱、小麦、玉米、大麦7种禾本科作物实现模拟。SUBSTOR模型能够对土豆实现模拟。CAUSUPRO和CANEGRO模型能够对甘蔗实现模拟。CROPSIM模型能够对木薯实现模拟。AROID模型能够对芋类作物实现模拟。ALOHA模型能够对凤梨实现模拟。

作物子模型通过输入田间管理、土壤、气象等参数对作物的生长环境及生长发育实现模拟，进而帮助农业生产研究进行决策和管理。DSSAT模型能够对作物生长发育期间的生理和形态指标，气象和土壤参数实现准确的定量预估。DSSAT模型的操作界面简洁方便，对比以往的大田试验有着很大的便利性，伴随着DSSAT模型的普及，目前在世界范围内30多个国家已普遍应用该模型。

DSSAT模型主要被应用于精准农业、田间管理、作物栽培、施肥管理和产量等方面。国内主要应用于水氮效应研究、产量模拟、敏感性分析和适宜性评价等方面。在水氮效应研究方面，李正鹏（2018）基于田间试验和DSSAT模型的关中冬小麦水氮管理优化，结果显示DSSAT-CERES-Whest模型能够较好地模拟土壤中水氮的变化。在产量模拟方面，宋利兵（2020）气候变化下中国玉米生长发育及产量的模拟，结果显示DS-

SAT-CERES-Maize模型能够较好地模拟不同气候下玉米的产量。在敏感性分析方面，宋明丹（2014）基于Morris和EFAST的CERES–Wheat模型敏感性分析，结果表明EFAST法和Morris法得出的敏感性参数基本一样，总体上这两个方法是可以互相替换的。在适用性评价方面，段丁丁（2019）DSSAT-SUBSTOR马铃薯模型的参数敏感性分析及适宜性评价，结果显示DSSAT-SUBSTOR-potato模型在吉林省有很强的适宜性。因为DSSAT模型在农作物产量模拟方面有着很强的适用性，所以本章研究使用DSSAT模型对南疆地区的棉花在不同灌溉施氮的情况下进行产量模拟。

## 5.1.2　DSSAT模型基本输入参数介绍

### 5.1.2.1　土壤参数

在DSSAT模型中，土壤参数存放在Soil文件夹下的soil.sol文件中，包含的土壤信息主要有土壤的性质、土壤的表层信息和土壤的逐层信息。土壤参数具体见表5-1。

表5-1　土壤参数

| 数据类型 | 参数 | 描述 |
|---|---|---|
| 土壤基本性质 | soil classification | 土壤种类 |
| | color | 土壤颜色 |
| | %slope | 坡度 |
| | drainage | 排水 |
| | runoff potential | 径流潜力 |
| | runoff curve number | 径流曲线 |
| 土壤表层信息 | drainage rate | 排水率 |
| | albedo | 反射率 |
| | fertility factor | 肥力因子 |
| 逐层信息 | depth | 土层深度 |
| | clay | 黏粒占比 |
| | slit | 粉粒占比 |
| | stone | 砂砾占比 |
| | organic carbon | 有机质含量 |
| | pH in water | pH值 |
| | cation exchange capacity | 阳离子交换能力 |
| | total nitrogen | 全氮 |
| | lower limit | 凋萎系数 |
| | drained upper limit | 田间持水率 |
| | saturated water content | 饱和含水量 |
| | bulk density | 土壤容重 |
| | sat hydraulic conduct | 饱和水传导力 |
| | root growth factor | 根分布因子 |

#### 5.1.2.2 气象参数

在 DSSAT 模型中，气象参数存放在 Weather 文件夹下的.WTH 文件中，包含的气象信息主要有气象记录日期、每日太阳能辐射、每日最高气温、每日最低气温、每日风速、每日降水量等。气象参数具体见表5-2。

表5-2 气象参数

| 参数 | 描述 |
|------|------|
| DATE | 气象记录日期 |
| SARD | 每日太阳能辐射 |
| TMAX | 每日最高气温 |
| TMIN | 每日最低气温 |
| WIND | 每日风速 |
| RAIN | 每日降水量 |

#### 5.1.2.3 品种参数

在 DSSAT 模型中，品种参数存放在 Genotype 文件夹下的.CUL 文件中，品种参数主要是控制作物的品种遗传、发育、产量性状，模型的本地化通常就是率定作物品种参数。棉花的品种参数见表5-3。

表5-3 棉花品种参数

| 参数 | 描述 | 单位 |
|------|------|------|
| CSDL | 临界光周期 | h |
| PPSEN | 光周期敏感系数 | — |
| EM-FL | 出苗到初花期光热时间 | pdt |
| FL-SH | 初花期到第一个棉铃产生的光热时间 | pdt |
| FL-SD | 初花期到第一个籽粒产生的光热时间 | pdt |
| SD-PM | 第一个籽粒产生到生理成熟的光热时间 | pdt |
| FL-LF | 初花期到叶片停止扩展的光热时间 | pdt |
| LFMAX | 最适合条件下叶片最大光合速率 | $mgCO_2/m^2s$ |
| SLAVR | 比叶面积 | $cm^2/g$ |
| SIZIF | 单叶面积 | $cm^2$ |
| XFRT | 每日分配给棉铃的干物质质量的最大比例（%） | — |
| WTPSD | 籽粒最大重量 | g |
| SFDUR | 种子填充棉铃仓的持续时间 | pdt |
| SDPDV | 正常条件下单个棉铃平均籽粒数 | #/pod |
| PODUR | 最优条件下最终棉铃负载所需时间 | pdt |
| THRSH | 籽棉质量与棉铃质量的比（%） | — |
| SDPRO | 籽粒中蛋白质的含量 | g/g |
| SDLIP | 籽粒中油脂的含量 | g/g |

## 5.1.3　DSSAT-CROPGRO-Cotton 模型应用现状

DSSAT 模型在棉花的应用上没有在其他作物上应用得那么成熟，这是由于 DSSAT-CROPGRO-Cotton 模型研发得比较晚，所以世界各国对于 DSSAT 模型在棉花的生长模拟方面都处于初步阶段。（国内同样如此，2017 年，潘惠的水旱胁迫下棉花两种生长模拟的比较；2017 年，司转运的水氮对冬小麦—夏棉花产量和水氮利用的影响；2018 年，王兴鹏的冬春灌对南疆土壤水盐动态和棉花生长的影响研究；2020 年，谭红等人的基于 DSSAT 模型模拟的气候变化对棉花生产潜力影响研究；2020 年，李萌的南疆膜下滴灌棉花灌溉和施肥调控效应及生长模拟研究；2021 年，杜江涛的基于气象信息的南疆膜下滴灌棉花灌溉制度优化及其模拟。）因此，可以充分利用 DSSAT 模型去预测不同灌溉施氮情况下棉花的产量，并进行评价选取最优组合，为南疆棉花种植提供一些参考价值。

## 5.1.4　敏感性分析研究方法

敏感性分析能够判断出哪些输入参数对模型的输出结果有影响，然后率定那些对输出结果影响比较大的输入参数，固定那些没有影响或影响比较小的参数，进而降低模型本地化的工作量。因为全局敏感性分析研究了参数之间的相互作用对输出结果的影响，能够更加精确地分析参数的敏感性，所以本研究采用 EFAST 法（扩展傅里叶检验法）对 DSSAT-CROPGRO-Cotton 模型实行探讨和分析。EFAST 法是结合了 FAST 法（傅里叶振幅灵敏度检验法）和 Sobol's 法的一种基于方法分解的全局敏感性分析法，EFAST 法通过傅里叶变换获得傅里叶级数的频谱曲线，再用曲线得到所有参数和它们之间相互作用所引起的模型方差，因此，它被大量使用在各个作物模型当中。

目前作物模型在使用时应该先进行敏感性分析，其原因主要有以下几点：通过改变作物模型的输入参数，研究输出结果的变化程度；分析对输出结果影响比较大的参数，对它们进行校正；输入参数越多，校正时越容易出错，找出对输出结果影响较小或者没有影响的参数（非敏感性参数），通过固定它们，对模型实现简化。近年来，国内外众多学者利用敏感性分析方法对 DSSAT 模型、Cotton2K 模型、Swap 模型等进行了敏感性分析。崔金涛等研究表明探讨影响冬小麦产量及生物量时，冬小麦的生产指标与其中 4 个参数有关，与剩余 11 个参数不相关；在探讨作物氮素分布时，应该主要关注土壤总氮含量、土壤田间持水率、土壤酸碱度、径流曲线数 4 个参数；在探讨氮素转化和分布时，15 个土壤参数能简化到 9 个。赵子龙等研究表明 DSSAT-CROPGRO-Tomato 模型的参数敏感性随灌水水平变化较大，且当研究番茄的产量时，7 个参数可简化到 4 个。张静潇等研究表明在探讨冬小麦产量时，土壤参数中，只有 1 个参数对产量影响最大，剩余参数对产量的影响较小。本研究将 DSSAT-CROPGRO-Cotton 模型和全局敏感性分析结合起来，为模型在南疆地区的适用及产量模拟提供理论支撑。

### 5.1.5 局部敏感性分析方法

局部敏感性分析方法能够被简述成"一次一个参数"方法，具体来说，就是采用控制变量的方法，在进行模型分析前，针对模型所有输入参数，仅仅变化其中一个参数，其余参数不变化，随后，通过模型的输出变量结果评价这个变化参数对模型的影响。因此，局部敏感性分析的基本原理很简单，实际试验过程也很方便，但是具有相对的片面性。局部敏感性分析只能判断某个参数对模型的输出结果是否有影响，它无法将模型中所有输入参数间的相互作用计算在内，所以，局部敏感性分析方法不能应用在多维参数空间和具有复杂结构的模型中。局部敏感性分析方法同样不能对具有很大参数范围的参数进行分析，因此，目前该方法使用较少。

### 5.1.6 全局敏感性分析方法

对比传统的局部敏感性分析方法，全局敏感性分析方法的优势更加明显，所以在实际运用中，基本都是使用此方法。全局敏感性分析方法的特点主要有：可以对模型输入参数间的相互作用实现量化，从而使结果分析更加准确；能够进行多个输入参数的分析，每次进行参数分析的个数不固定，不会因为参数取值范围的大小而无法进行；可以进行多维参数和复杂结构模型的分析，不会受到模型建立的抑制。本研究将采用全局敏感性分析EFAST法，将对EFAST法进行详细的介绍，先将其算法简单介绍如下。

设 $y=f(x_1, x_2, \cdots, x_m)$，经过傅里叶变换将它变成 $y=f(x)$，变成的函数为：

$$x_i = 0.5 + \frac{\arcsin(\sin(\omega_i s + \varphi_i))}{\pi} \tag{5.1}$$

$$y = f(s) = \sum_{p=-\infty}^{\infty} \left( A_p \cos(ps) + B_p \sin(ps) \right) \tag{5.2}$$

式（5.2）中

$$A_p = \frac{1}{\pi} \int_{-\pi}^{\pi} f(x)\cos(px)\mathrm{d}x \tag{5.3}$$

$$B_p \approx \frac{1}{N_S} \sum_{k=1}^{N_S} f(s_k)\sin(ps_k) \tag{5.4}$$

式中，$\omega_i$ 为参数 $x_i$ 的振荡频率，$i=1, 2, \cdots, m$，$\varphi_i$ 为每个参数 $x_i$ 的随机初相位，取值 $[0, 2\pi]$、$p$ 为傅里叶变换参数、$s$ 为标量变量，取值 $[-\pi, \pi]$、$A_p$，$B_p$ 为傅里叶变换的振幅。

方差 $V_i$ 与 $x_i$ 的关系为：

$$V_i = \sum_{p \in Z} A_p \omega_i = 2 \sum_{p=1}^{\infty} A_p \omega_i \tag{5.5}$$

$$A_p = A_p^2 + B_p^2 \tag{5.6}$$

其中，$p \in Z = \{-\infty, \cdots, -1, 1, \cdots, +\infty\}$。

函数总方差为：

$$V = \sum_{p \in Z} A_p = 2\sum_{p=1}^{\infty} A_p \tag{5.7}$$

傅里叶振幅$A_p$，$B_p$近似计算公式为：

$$A_p \approx \frac{1}{N_S}\sum_{k=1}^{N_S} f(s_k)\cos(ps_k) \tag{5.8}$$

$$B_p \approx \frac{1}{N_S}\sum_{k=1}^{N_S} f(s_k)\sin(ps_k) \tag{5.9}$$

其中，$p \in \left\{-\frac{N_S-1}{2}, \cdots, -1, 0, 1, \cdots, \frac{N_S-1}{2}\right\}$，$s$的取样范围在$[-\pi, \pi]$。

函数总方差可以分解为：

$$V = \sum_{1 \leqslant i \leqslant m} V_i + \sum_{1 \leqslant i \leqslant j \leqslant m} V_{ij} + \cdots + V_{12\cdots m} \tag{5.10}$$

进行归一化后，参数$x_i$的一阶敏感性指数$s_i$可以表达成对函数总方差的贡献：

$$S_i = \frac{V_i}{V} \tag{5.11}$$

总敏感指数可以表示为：

$$S_{Ti} = \frac{V - V_{-i}}{V} \tag{5.12}$$

式中，$V_i$为参数$x_i$变化引起的方差，$V_{ij}$为参数$x_i$由参数$x_{ij}$贡献的方差，$V_{-i}$为除参数$x_i$外其他所有变量的方差总和。

## 5.1.7　作物模型模拟相关原理

### 5.1.7.1　水分平衡模拟原理

在作物模型中，土壤向作物供应的水分是通过逐日模拟运算的方法实现的，因为作物模型对土壤实行了分层，所以单层土壤含水变化量用以下公式计算：

$$\Delta W = P + I - R - D - ES - EP \tag{5.13}$$

式中，$\Delta W$是土壤水分变化率，单位为mm；$P$是每日降水量，单位为mm；$I$是每日灌溉量，单位为mm；$R$是每日地表径流，单位为mm；$D$是每日土壤剖面底部深层渗水量，单位为mm；$ES$是土壤每日水分蒸发量，单位为mm；$EP$是植物每日水分蒸发量，单位为mm。

其中，公式里的地表径流是通过美国水土保护局研发的径流曲线理论计算出，然后内置在作物模型中的，此方法是计算地表径流的经验模型，综合考虑了坡度、降雨、耕种和不同植被覆盖对土壤含水量的影响。该方法同样能够计算土壤中水分的再分配情况，当土壤含水量达到田间持水量时，当层土壤中的水分会由于重力作用流到下一层，当土壤含水量比凋萎含水量高但低于田间持水量时，那么当层土壤中的水分分配处理将和相邻两层土壤中作物的可利用水含量有关。土壤中水分含量的限制由作物模型中土壤的凋萎系数、田间持水量和含水量决定。

蒸散量的计算运用 FAO-56 和 priestley-taylor 法，这两种方法所需的气象数据各不相同，FAO-56 法研究风力和干旱对作物的影响，需要用到露点温度和每日平均风速，priestley-taylor 法则只需用到每日最高温、最低温和太阳辐射。

### 5.1.7.2 碳氮平衡模拟原理

在作物模型中，氮素的模拟是设定作物芽与根中氮素的供给为充足，作物每天的氮吸收量是由土壤每天氮供给量和作物每天氮需求量共同决定的，作物每天氮需求量可以通过模型土壤参数最小氮浓度和临界氮浓度来描述。

模型中土壤碳氮平衡可以选择 Papran 模型或者 CENTURY 模型。Papran 模型一开始在 CERES 作物系统中使用，DSSAT 模型在 2002 年才添加了 CENTURY 模型。在 DSSAT 模型中，基本所有作物的土壤碳氮循环的模拟都是基于 Papran 模型和 CENTURY 模型，它们对矿质氮的模拟完全一样，但是对土壤有机质的模拟有一定的差异。资料显示，CENTURY 模型在长期低投入氮素模拟过程中模拟效果最好，其主要原因是 CERES 作物系统对土壤有机质的模拟是把土壤中的有机质分解成纤维素、碳水化合物、木质素三个部分，这三个部分默认组成比例是 7：3：2，而在模拟土壤碳氮循环方面，土壤中有机质的分解只会受到土壤温度、土壤湿度、土壤碳氮比的影响。但是 CENTURY 模型对土壤有机质的模拟非常复杂，它考虑得更多，其中加入了植物残渣、土壤微生物活动对土壤碳氮循环的影响和脱落器官几个要素，因此，CENTURY 模型需要比 Papran 模型多设定 3 个额外的土壤参数，这 3 个参数分别是土壤中活跃碳库系数、土壤中微生物碳库系数和土壤中稳定碳库系数。其中，CENTURY 模型中土壤中活跃碳库系数是最重要的参数，研究发现，这个参数在肥沃的土壤中能够达到 60%，而在贫瘠的土壤中则只有 2%。

# 5.2 试验准备与数据处理

## 5.2.1 试验设计

本试验地种植的棉花品种为"新陆中 46 号"，以 2019 年试验地数据为模型参数的校正数据，以 2020 年试验地数据为模型参数的验证数据。试验在新疆生产建设兵团一师水利局水土保持试验站里进行，供试验土质为砂壤土。本试验地 2019 年棉花在 4 月 16

日播种，10月10日收获；2020年试验地棉花在4月10日播种，10月20日收获。本次试验采用膜下滴灌，滴灌带分布形式为1膜2带6行，棉花的种植方式为（66+10）cm行距的宽窄行机采模式，株距为10 cm，滴灌带的种类采用单翼迷宫式滴灌带，滴头间距为30 cm，滴头的限定流量为30 L/h，限定的工作压力为0.1 MPa。棉花灌溉方式分为3个处理，T1、T2和T3，按照棉花不同生育期所需水分不同，设定了不同的灌溉次数和灌水定额，各处理实际灌溉情况见表5-4。

表5-4　实际灌溉情况

| 年份 | 处理 | 灌溉定额/mm | 灌溉次数 | 灌溉日期 |
|---|---|---|---|---|
| 2019 | T1 | 30 | 11 | T1：6月19日、6月30日、7月8日、7月14日、7月19日、7月27日、8月2日、8月7日、8月13日、8月19日、8月29日 |
| | T2 | 36 | 10 | T2：6月19日、7月2日、7月9日、7月16日、7月22日、7月28日、8月3日、8月10日、8月17日、8月28日 |
| | T3 | 42 | 9 | T3：6月19日、7月4日、7月10日、7月18日、7月25日、8月2日、8月10日、8月18日、8月31日 |
| 2020 | T1 | 30 | 11 | T1：6月10日、6月23日、7月4日、7月14日、7月23日、7月29日、8月4日、8月11日、8月17日、8月24日 |
| | T2 | 36 | 10 | T2：6月10日、6月25日、7月3日、7月11日、7月19日、7月27日、8月3日、8月9日、8月17日、8月25日 |
| | T3 | 42 | 9 | T3：6月10日、6月26日、7月5日、7月13日、7月24日、8月1日、8月9日、8月17日、8月26日 |

## 5.2.2　试验数据获取

### 5.2.2.1　土壤数据

土壤数据囊括了土壤的基本性质、土壤的表层信息、逐层信息。通过查阅相关文献资料和对试验区土壤实行不同深度的取样，主要有土壤硝态氮、土壤铵态氮、土壤速效磷、土壤速效钾、土壤有机质等。试验区的土壤参数见表5-5。土壤模块操作界面见图5-1。

表5-5　土壤数据

| 深度（cm） | 土壤硝态氮（mg/kg） | 土壤铵态氮（mg/kg） | 土壤碱解氮（mg/kg） | 土壤速效磷（mg/kg） | 土壤速效钾（mg/kg） | 土壤有机质（%） |
|---|---|---|---|---|---|---|
| 0~20 cm | 197.28 | 4.65 | 23.51 | 23.29 | 95.38 | 0.44 |
| 20~40 cm | 67.01 | 4.36 | 12.83 | 4.54 | 90.07 | 0.35 |
| 40~60 cm | 83.59 | 4.74 | 13.60 | 4.20 | 96.54 | 0.34 |
| 60~80 cm | 80.24 | 5.02 | 9.78 | 4.96 | 105.86 | 0.25 |

#### 5.2.2.2 气象数据

本研究通过中国气象局网站得到2019—2020年的每日气象资料，得到的气象数据有气象记录日期、每日太阳能辐射、每日最高气温、每日最低气温、每日风速、每日降水量等。此外还要填写气象站的国家、经度、纬度、海拔等数据。气象模块操作界面见图5-1。

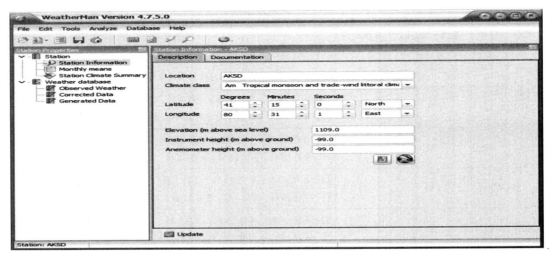

**图5-1　WeatherMan操作模块**

#### 5.2.2.3 田间管理数据

田间管理数据通过大田试验观测和记录获得，主要有种植信息，如种植日期、种植方式、行距、种植深度等；灌溉信息，如灌溉日期、灌溉量等；施肥管理信息，如施肥日期、施肥种类、施肥深度等。

### 5.2.3 数据处理及统计方法

#### 5.2.3.1 数据处理方法

（1）土壤数据指标测定

① 土壤基本数据。通过环刀法测土壤的饱和含水率、容重、田间持水率等，计算环刀取土求得，在分析检测中心测量土壤理化性质。

② 土壤含水率。土壤的水分测量利用TDR测定0~100 cm深度土层的含水量，测定前在TDR测试管附近取土，通过烘干法对TDR测试管实行核验，布置两根测试管，在棉花播种到收获期间，每天都使用TDR测量土壤水分，如果出现测试管含水量的均值低于设计的下限，就通过以下公式计算：

$$m = H \times \left( \theta_{ul} - \theta_u \right) \times p \times s \qquad (5.14)$$

式中，$\theta_{ul}$ 是土壤含水量的上限，单位为 $cm^3 \cdot cm^3$；$\theta_u$ 是土壤含水量平均值，单位为 $cm^3 \cdot cm^3$；$s$ 为试验地面积，单位为 $m^2$；$H$ 为土壤计划湿润层深度，单位为 m；$p$ 为滴灌湿润比；$m$ 为灌水定额，单位为 mm。

（2）气象数据指标测定

在 DSSAT 模型中，气象数据需要用到太阳辐射，这就需要将太阳日照时数换算成太阳辐射数，本研究利用 FAO 发明的 Angstom 公式（5.15）来计算，其余的气象信息通过试验站 HOBO 自动气象监测站实时获取，2019 年和 2020 年每日降水、最高温、最低温、太阳辐射见图 5-4。

$$R_s = \left( a_s + b_s \frac{n}{N} \right) \times R_a \qquad (5.15)$$

式中，$R_s$ 是太阳总辐射量，$R_a$ 是大气上届入射辐射，$a_s$ 和 $b_s$ 与当地的大气质量相关，$n$ 是日照时数，$N$ 是每日可照时数。

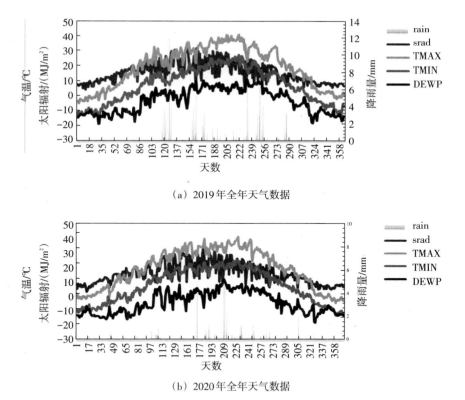

（a）2019年全年天气数据

（b）2020年全年天气数据

注：rain 为降雨量，srad 为太阳辐射，TMAX 为最高温，TMIN 为最低温，DEWP 为露点温度

**图5-4　2019年和2020年全年天气数据**

（3）田间管理数据指标测定

① 生育期。通过观测，自棉花种植日开始，试验期内每日观测棉花的生长发育状

况，并及时记录各生育期日期。

②叶面积。随机取出不同生育期内的5株棉花，测量每一片叶子的叶宽、叶长，然后通过叶片长宽系数法（系数0.83）计算，求它们的平均值得到叶面积。

③产量。待棉花全部吐絮后，把试验区内的所有棉花采摘称重，最后计算出皮棉的产量。

④生物量。取棉花蕾期、花铃期和吐絮期地上和地下生物量，每个处理小区随机选择5株棉花，连根拔起，然后在实验室分别称量棉花的蕾、叶、根、茎的重量，再将之放进105℃烘箱内杀青30 min，随后拿出放在实验室内干燥通风处至恒质量，最后用0.001 g感量的电子天平秤称量干物质量。

### 5.2.3.2 统计方法

在作物模型模拟的过程中，模拟结果与实测值之间出现误差是在所难免的，因此，需要采用一种合适的评价方法进行评价。本研究按照实际情况，采用以下几种评价方法进行分析。

（1）相对误差

$$ARE = \frac{|P_i - M_i|}{M_i} \times 100\% \tag{5.16}$$

（2）标准均方根误差

$$nRMSE = \frac{RMSE}{\bar{M}} \times 100\% \tag{5.17}$$

式中，$M_i$是第$i$个实测值，$P_i$是第$i$个模拟值，$EMSE$是均方根误差。

相对误差（$ARE$），当$ARE \leq 10\%$时，模拟效果很好，当$10\% \leq ARE \leq 20\%$时，模拟效果一般，当$20\% \leq ARE \leq 30\%$时，模拟效果很差。

标准均方根误差（$nRMSE$），当$nRMSE \leq 10\%$时，模拟效果很好，当$10\% \leq nRMSE \leq 20\%$时，模拟效果良好，当$20\% \leq nRMSE \leq 30\%$时，模拟效果一般，当$nRMSE \geq 30\%$时，模拟效果很差。

（3）水分利用率

本研究作物的蒸散公式采用了FAO-56公式。作物的水分利用率（WUE）是指单位用水量所产生的产量，表达了作物干物质生产和作物用水量之间的关系，水分利用率的计算公式如下：

$$WUE = \frac{Y}{10ET} \tag{5.18}$$

式中，$WUE$为水分利用率，单位为$kg \cdot m^{-3}$；$Y$为产量，单位为$kg \cdot hm^{-2}$；$ET$为蒸散量，单位为$mm$。

（4）施氮量净收益

通过DSSAT模型模拟不同施氮情况下氮肥和产量所带来的净收益，采用线性模型找到高收益、高产量的氮肥管理方式来确定本研究棉花的肥料利用率。氮肥带来的净收益用以下公式计算：

$$GP = (YN - Y0) \times PY - Pfer \times PN \tag{5.19}$$

式中，Y0是不施加氮情况下的产量，YN是施加氮情况下的产量；PY为棉花的价格；Pfer为施肥量，$kg \cdot hm^{-2}$；PN为氮素价格。

# 5.3　DSSAT模型参数敏感性分析

## 5.3.1　参数筛选与取值范围

在DSSAT模型内，品种参数文件都保存在.CUL文件中，模型的参数都属于均匀分布，全部参数均是以可修改的外部文件方式导入模型。通过参数敏感性分析DSSAT模型中棉花的品种参数，观测出少部分参数对模型的输出结果没有影响，因此，筛选出敏感性比较大的参数、排除非敏感性参数是很有必要的。DSSAT模型文献和参数敏感性分析研究表明，在实行品种参数率定时，棉花的17个品种参数里有3个品种参数需要设定为默认值，见表5-6，剩余14个参数都有默认的取值范围，见表5-7。

表5-6　非敏感性品种参数取值范围

| 参数 | 描述 | 单位 | 默认值 |
|---|---|---|---|
| CSDL | 临界光周期 | h | 23 |
| SDPRO | 籽粒中蛋白质的含量 | g/g | 0.153 |
| SDLIP | 籽粒中油脂的含量 | g/g | 0.12 |

表5-7　敏感性品种参数取值范围

| 参数 | 描述 | 单位 | 取值范围 |
|---|---|---|---|
| EM-FL | 出苗到初花期光热时间 | pdt | 29～45 |
| FL-SH | 初花期到第一个棉铃产生的光热时间 | pdt | 8～30 |
| FL-SD | 初花期到第一个籽粒产生的光热时间 | pdt | 12～18 |
| SD-PM | 第一个籽粒产生到生理成熟的光热时间 | pdt | 40～54 |
| FL-LF | 初花期到叶片停止扩展的光热时间 | pdt | 70～80 |
| LFMAX | 最适合条件下叶片最大光合速率 | $mgCO_2/m^2s$ | 0.95～1.15 |
| SLAVR | 比叶面积 | $cm^2/g$ | 150～250 |
| SIZIF | 单叶面积 | $cm^2$ | 170～280 |
| XFRT | 每日分配给棉铃的干物质量的最大比例（%） | — | 0.5～0.9 |
| WTPSD | 籽粒最大重量 | g | 0.16～0.19 |

表5-7（续）

| 参数 | 描述 | 单位 | 取值范围 |
|---|---|---|---|
| SFDUR | 种子填充棉铃仓的持续时间 | pdt | 30～40 |
| SDPDV | 正常条件下单个棉铃平均籽粒数 | #/pod | 20～27 |
| PODUR | 最优条件下最终棉铃负载所需时间 | pdt | 5～15 |
| THRSH | 籽棉质量与棉铃质量的比（%） | — | 70～80 |

## 5.3.2　研究方法

### 5.3.2.1　DSSAT模型运行

尽管DSSAT模型被划分成好几个模型，结构比较复杂，但是它的操作界面简洁，方便研究者使用。DSSAT模型的操作界面见图5-5。

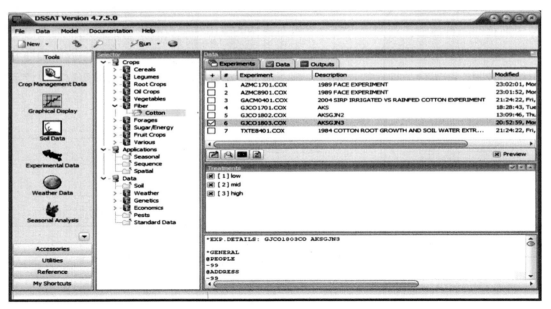

图5-5　DSSAT模型操作界面

在DSSAT模型操作界面中，主要用到以下五个模块：第一个模块是田间管理数据（crop management data）模块，用于填写田间观测和管理数据；第二个模块是绘图（graphical display）模块，用于绘制模型生产的图；第三个模块是土壤数据（soil data）模块，用于填写测量出的土壤数据和一些土壤基本信息；第四个模块是实验数据（experimental data）模块，用于填写模型输出结果的实测值；第五个模块是气象数据（weather data）模块，用于填写对应的年份和天气数据。Selector界面用于选择想要模拟的作物品种，Data界面用于选择已完成好的作物模型，Run用于运行模型。

### 5.3.2.2　EFAST敏感性分析方法

EFAST法（扩展傅里叶检验法）是一种全局敏感性分析方法，具体的介绍参见4.1.2.3。在本研究中，把敏感性指数大于0.1的参数作为敏感性参数。

### 5.3.2.3　研究步骤

模型的品种参数具有默认的取值范围和分布状况，形成一个多维参数空间，通过EFAST法对DSSAT模型中的14个敏感性参数进行分析，具体流程见图5-6。详细步骤如下。

① 筛选出DSSAT模型中14个敏感性参数，在Simlab中创建参数的名称、分布和取值范围，本研究参数的详细情况见表5-7。

② 在SimLab中通过Monte Carlo方法对参数进行随机取样，形成一个新的多维参数集，EFAST法限定取样大小要大于参数个数的65倍，取样的次数越多，敏感性分析越好。本研究共取样17934次。

③ 通过R语言编写DSSAT模型可识别的输入文件实现批量处理，获得模拟结果文件。

④ 从模拟结果文件中提取需要的输出结果，同时把输出变量修改成SimLab可读取的形式。

⑤ 将修改好的输出变量文件导入SimLab中进行敏感性分析，并统计分析结果。

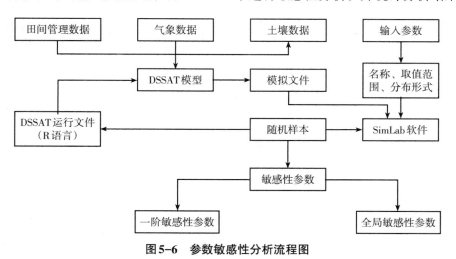

**图5-6　参数敏感性分析流程图**

## 5.3.3　参数敏感性分析

### 5.3.3.1　品种参数对开花期的敏感性

在DSSAT模型中，对开花期敏感的品种参数只有出苗到初花期光热时间（EM-

FL），它对应的一阶敏感性指数和全局敏感性指数都为0.99。其原因主要是因为吸收光热的多少决定了棉花开花的早晚。品种参数对开花期的敏感性指数见图5-7（其余参数敏感性指数过小，图中无法准确显示）。

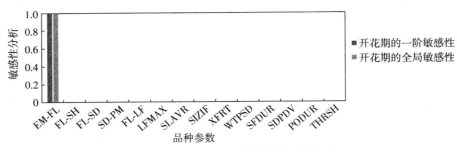

**图5-7　品种参数对开花期的敏感性指数**

### 5.3.3.2　品种参数对成熟期的敏感性

在DSSAT模型中，对成熟期敏感的品种参数有出苗到初花期光热时间（EM-FL）和第一个籽粒产生到生理成熟的光热时间（SD-PM），它们对应的一阶敏感性指数分别为0.37和0.55，对应的全局敏感性指数分别为0.39和0.57。品种参数对成熟期的敏感性指数见图5-8。

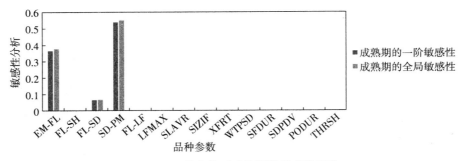

**图5-8　品种参数对成熟期的敏感性指数**

### 5.3.3.3　品种参数对产量的敏感性

在DSSAT模型中，对产量敏感的品种参数有：第一个籽粒产生到生理成熟的光热时间（SD-PM）、每日分配给棉铃的干物质量的最大比例（XFRT）、种子填充棉铃仓的持续时间（SFDUR），其中第一个籽粒产生到生理成熟的光热时间（SD-PM）、每日分配给棉铃的干物质量的最大比例（XFRT）对应的一阶敏感性指数分别为0.18和0.61，对应的全局敏感性指数分别为0.22和0.63，种子填充棉铃仓的持续时间（SFDUR）因为参数之间相互作用的关系，在全局敏感性分析中从非敏感性参数转变成敏感性参数，它对应的全局敏感性指数为0.12。品种参数对产量的敏感性指数见图5-9。

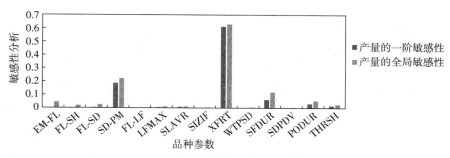

图5-9　品种参数对产量的敏感性指数

### 5.3.3.4　品种参数对生物量的敏感性

在DSSAT模型中，对生物量敏感的品种参数有：出苗到初花期光热时间（EM-FL）、第一个籽粒产生到生理成熟的光热时间（SD-PM），它们对应的一阶敏感性指数分别为0.29和0.5，对应的全局敏感性指数分别为0.33和0.52。品种参数对成熟期的敏感性指数见图5-10。

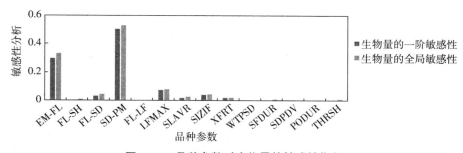

图5-10　品种参数对生物量的敏感性指数

### 5.3.3.5　品种参数对叶面积指数的敏感性

在DSSAT模型中，对叶面积指数敏感的品种参数有：出苗到初花期光热时间（EM-FL）、比叶面积（SLAVR）、每日分配给棉铃的干物质量的最大比例（XFRT），它们对应的一阶敏感性指数分别为0.28，0.34和0.24，对应的全局敏感性指数分别为0.29，0.35和0.25。品种参数对叶面积指数的敏感性指数见图5-11。

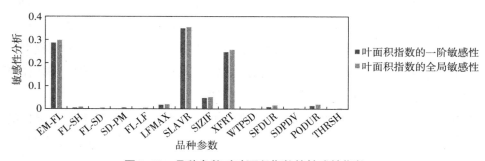

图5-11　品种参数对叶面积指数的敏感性指数

## 5.3.4　结果讨论

对比图5-7、图5-8、图5-9、图5-10、图5-11可以看出，在一阶敏感性下，输入变量出苗到初花期光热时间（EM-FL）除了产量对其他输出结果都敏感，并且敏感性指数都较大；每日分配给棉铃的干物质量的最大比例（XFRT）对产量和叶面积指数都敏感，并且它们在全局敏感性分析结果中同样有比较大的贡献率。在全局敏感性下，输入变量出苗到初花期光热时间（EM-FL）同样对除了产量外的其他输出结果敏感；一阶敏感性下对输出结果敏感的参数在全局敏感性下同样是敏感性参数。对产量而言，输入变量最优条件下，最终棉铃负载所需时间（PODUR）由非敏感性参数转变成敏感性参数。

# 5.4　DSSAT模型回拟、验证与产量评价

## 5.4.1　参数选择

参考上文有关DSSAT模型参数敏感性分析的结果，通过大量试验，筛选出DSSAT模型中的3个参数进行率定，筛选出的参数名称及默认取值范围见表5-8。

表5-8　待率定的参数及默认取值范围

| 参数 | 描述 | 单位 | 取值范围 |
| --- | --- | --- | --- |
| EM-FL | 出苗到初花期光热时间 | pdt | 29～45 |
| SD-PM | 第一个籽粒产生到生理成熟的光热时间 | pdt | 40～54 |
| SLAVR | 比叶面积 | $cm^2/g$ | 170～250 |

## 5.4.2　参数优化GLUE法

目前，参数优化常见的方法有遗传算法和退火算法等，贝叶斯法在作物模型的不确定性分析和参数取值领域同样应用非常广泛，常见的贝叶斯法的参数取值方法有GLUE法和MCMC法，因此，本试验采用DSSAT模型本身的GLUE法作为参数优化方法。

1992年，Binley提出GLUE法，也被称作普适似然不确定性估计方法（generalized likelihood uncertainty estimation），此方法是由Spear的RSA方法演变而来，一开始主要用于研究水文数学模型中参数不确定性相关内容。目前，此方法在各个领域模型的不确定性分析中被普遍应用。此外，通过对GLUE法中参数取样方式的选择、阈值的确定、似然函数的规定等研究，国内外研究人员对此开展了大量的工作。

GLUE法考虑的并不是单个参数，而是模型中所有参数互相作用对最终模拟结果的影响。它的基本定义如下：在一开始设置好的参数分布取值范围内（先验分布），通过Monte Carlo随机采样法得到模型参数的取值混合，随后对模型实行Monte Carlo模拟；

选择合适的似然目标函数，然后计算实测值与模拟值间的似然函数值；设置似然函数的阈值，筛选出比似然函数阈值低的参数值组合所对应的模拟结果，并规定为"无作为"，对剩下"有作为"的参数值组合进行讨论；用归一化处理比似然函数阈值高的参数值组合，最终可获得各参数值组合的后验概率密度。

## 5.4.3　模型回拟

通过DSSAT模型模拟棉花生长，采用GIUE法+试错法，并且用2019年田间试验测量出的开花期、成熟期、产量、生物量、叶面积指数实测数据，对DSSAT模型中筛选出来的敏感性参数进行率定，把率定好的品种参数导入DSSAT模型Genotype文件夹下的"CRGRO047.CUL"文件中，并与2019年田间试验的三种处理进行对比，进行模型回拟，以此来测验经过参数率定后模型模拟的精确性。

### 5.4.3.1　参数率定结果

本研究通过Monte Carlo方法进行取样，对选择出来的参数在取值范围内实行17934次的随机取样，通过EFAST敏感性分析筛选出需要率定的参数，采用GLUE法+试错法确定参数的最终取值，见表5-9。

表5-9　品种参数率定结果

| 参数 | 描述 | 单位 | 率定值 |
|---|---|---|---|
| EM-FL | 出苗到初花期光热时间 | pdt | 32.4 |
| FL-SH | 初花期到第一个棉铃产生的光热时间 | pdt | 8.501 |
| FL-SD | 初花期到第一个籽粒产生的光热时间 | pdt | 16.27 |
| SD-PM | 第一个籽粒产生到生理成熟的光热时间 | pdt | 51.3 |
| FL-LF | 初花期到叶片停止扩展的光热时间 | pdt | 77.69 |
| LFMAX | 最适合条件下叶片最大光合速率 | $mgCO_2/m^2s$ | 1.083 |
| SLAVR | 比叶面积 | $cm^2/g$ | 159.3 |
| SIZIF | 单叶面积 | $cm^2$ | 259.9 |
| XFRT | 每日分配给棉铃的干物质量的最大比例（%） | — | 0.898 |
| WTPSD | 籽粒最大重量 | g | 0.18 |
| SFDUR | 种子填充棉铃仓的持续时间 | pdt | 31.5 |
| SDPDV | 正常条件下单个棉铃平均籽粒数 | #/pod | 20.9 |
| PODUR | 最优条件下最终棉铃负载所需时间 | pdt | 10.81 |
| THRSH | 籽棉质量与棉铃质量的比（%） | — | 79.43 |

### 5.4.3.2　开花期模拟结果模型回拟

通过表5-10可知，模型在模拟棉花开花期上，各处理下的模拟值与实测值之间的相对误差小于10%，标准均方根误差为4.76%，小于10%，表明品种参数经过率定后，能够较好地模拟棉花的开花期。对比不同水氮处理下模拟值与实测值的误差发现，水氮对棉花开花期的影响不大，同时，在试验中发现，改善温度对模型的开花期有一定的影响。

表5-10　开花期模拟结果

| 项目 | 年份 | 处理 | 模拟 | 实测 | 误差 | 相对误差 | 标准均方根误差 |
|------|------|------|------|------|------|----------|----------------|
| 模型回拟 | 2019 | T1 | 66 | 63 | 3 | 4.76% | 4.76% |
| | | T2 | 66 | 63 | 3 | 4.76% | |
| | | T3 | 66 | 63 | 3 | 4.76% | |

### 5.4.3.3　成熟期模拟结果模型回拟

通过表5-11可知，模型在模拟棉花成熟期上，各处理下的模拟值与实测值之间的相对误差小于10%，标准均方根误差为4.49%，小于10%，表明品种参数经过率定后，能够较好地模拟棉花的成熟期。

表5-11　成熟期模拟结果

| 项目 | 年份 | 处理 | 模拟 | 实测 | 误差 | 相对误差 | 标准均方根误差 |
|------|------|------|------|------|------|----------|----------------|
| 模型回拟 | 2019 | T1 | 170 | 178 | 8 | 4.49% | 4.49% |
| | | T2 | 170 | 178 | 8 | 4.49% | |
| | | T3 | 170 | 178 | 8 | 4.49% | |

### 5.4.3.4　产量模拟结果模型回拟

通过表5-12可知，模型在模拟棉花产量上，各处理下的模拟值与实测值之间的相对误差小于10%，标准均方根误差为2.96%，小于10%，表明品种参数经过率定后，能够较好地模拟棉花的产量。对比不同水氮处理下模拟值与实测值的误差发现，水氮越少，棉花产量越低；水氮越充足，棉花产量越高。但是，研究结果表明水氮不能过多，不然会造成棉花根区缺氧，根系活力下降，生长发育受到抑制，从而使产量减少。

表5-12　产量模拟结果

| 项目 | 年份 | 处理 | 模拟 | 实测 | 误差 | 相对误差 | 标准均方根误差 |
|------|------|------|------|------|------|----------|----------------|
| 模型回拟 | 2019 | T1 | 6339 | 6578 | 239 | 3.63% | 2.96% |
| | | T2 | 6336 | 6556 | 220 | 3.35% | |
| | | T3 | 6128 | 6076 | 52 | 0.85% | |

### 5.4.3.5　生物量模拟结果模型回拟

通过表5-13可知，模型在模拟棉花生物量上，各处理下的模拟值与实测值之间的相对误差小于10%，标准均方根误差为2.71%，小于10%，表明品种参数经过率定后，能够较好地模拟棉花的生物量。对比不同水氮处理下模拟值与实测值的误差发现，水氮越少，棉花生物量越低；水氮越充足，棉花生物量越高。然而，当水氮过分饱和时，反而会影响棉花的生物量。

表5-13　生物量模拟结果

| 项目 | 年份 | 处理 | 模拟 | 实测 | 误差 | 相对误差 | 标准均方根误差 |
|---|---|---|---|---|---|---|---|
| 模型回拟 | 2019 | T1 | 16156 | 16321 | 165 | 1.01% | 2.71% |
| | | T2 | 16158 | 16578 | 420 | 2.53% | |
| | | T3 | 15163 | 15779 | 616 | 3.90% | |

### 5.4.3.6　叶面积指数模拟结果模型回拟

通过表5-14和图5-11可知，模型在模拟棉花叶面积指数上，各处理下在种植后51天和82天的模拟结果较差，其余时期模拟值与实测值之间的相对误差均小于14%，标准均方根误差分别为9.91%，10.6%和10.8%，表明品种参数经过率定后，能够较好地模拟棉花的叶面积。对比不同水氮处理下模拟值与实测值的误差发现，水氮越少，棉花叶面积指数越低；水氮越充足，棉花叶面积指数越高。同时，在试验中发现，改善土壤中的光合作用因子，能较好地影响模型的叶面积指数。

表5-14　叶面积指数模拟结果

| 项目 | 年份 | 处理 | 播种后天数 | 模拟 | 实测 | 误差 | 相对误差 | 标准均方根误差 |
|---|---|---|---|---|---|---|---|---|
| 模型回拟 | 2019 | T1 | 41 | 0.220 | 0.2546 | 0.0346 | 13.5% | 9.91% |
| | | | 51 | 0.748 | 0.6228 | 0.1252 | 20.1% | |
| | | | 82 | 4.048 | 3.5997 | 0.4483 | 12.4% | |
| | | | 115 | 4.774 | 5.0102 | 0.2362 | 4.71% | |
| | | | 135 | 4.387 | 4.7395 | 0.3525 | 7.43% | |
| | | T2 | 41 | 0.220 | 0.2546 | 0.0346 | 13.5% | 10.6% |
| | | | 51 | 0.748 | 0.5975 | 0.1505 | 25.1% | |
| | | | 82 | 4.051 | 3.4736 | 0.5774 | 16.6% | |
| | | | 115 | 4.782 | 4.8537 | 0.0717 | 1.47% | |
| | | | 135 | 4.394 | 4.1870 | 0.2070 | 4.94% | |
| | | T3 | 41 | 0.220 | 0.2546 | 0.0346 | 13.5% | 10.8% |
| | | | 51 | 0.748 | 0.5991 | 0.1489 | 24.8% | |
| | | | 82 | 4.058 | 3.5464 | 0.5116 | 14.4% | |
| | | | 115 | 4.798 | 4.6255 | 0.1725 | 3.72% | |
| | | | 135 | 4.392 | 4.0878 | 0.3042 | 7.44% | |

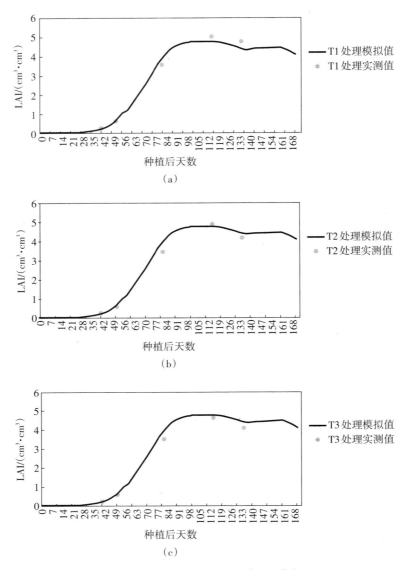

图5-11　2019年各处理下叶面积指数

## 5.4.4　模型验证

把通过率定好的品种参数导入DSSAT模型中并与2020年的大田试验数据对比，进行模型验证，以此来检验模型在不同年份下模拟的精确性。

### 5.4.4.1　开花期模拟的验证

通过表5-15可知，把2020年的田间试验开花期的模拟值与实测值进行对比，模型在模拟棉花的开花期上，各处理下的误差小于10%，标准均方根误差为4.76%，小于10%，表明品种参数经过率定后，在不同年份下模型模拟能够较好地模拟棉花的开花期，适用性较强。

表5-15　开花期模拟结果

| 项目 | 年份 | 处理 | 模拟 | 实测 | 误差 | 相对误差 | 标准均方根误差 |
|---|---|---|---|---|---|---|---|
| 模型回拟 | 2020 | T1 | 60 | 61 | 1 | 4.76% | 4.76% |
| | | T2 | 60 | 61 | 1 | 4.76% | |
| | | T3 | 60 | 61 | 1 | 4.76% | |

### 5.4.4.2　成熟期模拟的验证

通过表5-16可知，把2020年的田间试验成熟期的模拟值与实测值进行对比，模型在模拟棉花的成熟期上，各处理下的相对误差小于10%，标准均方根误差为9.55%，小于10%，表明品种参数经过率定后，在不同年份下，模型模拟能够较好地模拟棉花的成熟期，适用性较强。

表5-16　成熟期模拟结果

| 项目 | 年份 | 处理 | 模拟 | 实测 | 误差 | 相对误差 | 标准均方根误差 |
|---|---|---|---|---|---|---|---|
| 模型回拟 | 2020 | T1 | 161 | 178 | 17 | 9.55% | 9.55% |
| | | T2 | 161 | 178 | 17 | 9.55% | |
| | | T3 | 161 | 178 | 17 | 9.55% | |

### 5.4.4.3　产量模拟的验证

通过表5-17可知，把2020年的田间试验产量的模拟值与实测值进行对比，模型在模拟棉花的产量上，各处理下的相对误差小于11%，标准均方根误差为5.98%，小于10%，表明品种参数经过率定后，在不同年份下模型模拟能够较好地模拟棉花的产量，适用性较强。

表5-17　产量模拟结果

| 项目 | 年份 | 处理 | 模拟 | 实测 | 误差 | 相对误差 | 标准均方根误差 |
|---|---|---|---|---|---|---|---|
| 模型回拟 | 2020 | T1 | 6969 | 6813 | 156 | 2.28% | 5.98% |
| | | T2 | 6964 | 6831 | 133 | 1.94% | |
| | | T3 | 6747 | 6096 | 651 | 10.6% | |

### 5.4.4.4　生物量模拟的验证

通过表5-18可知，把2020年的田间试验生物量的模拟值与实测值进行对比，模型在模拟棉花的产量上，各处理下的相对误差小于10%，均方根误差为3.33%，小于

10%，表明品种参数经过率定后，在不同年份下模型模拟能够较好地模拟棉花的生物量，适用性较强。

表5-18 生物量模拟结果

| 项目 | 年份 | 处理 | 模拟 | 实测 | 误差 | 相对误差 | 标准均方根误差 |
|---|---|---|---|---|---|---|---|
| 模型回拟 | 2020 | T1 | 17279 | 16671 | 608 | 3.64% | 3.33% |
| | | T2 | 17302 | 16767 | 535 | 3.19% | |
| | | T3 | 16340 | 15845 | 495 | 3.12% | |

### 5.4.4.5 叶面积指数模拟的验证

通过表5-19和图5-12可知，把2020年的田间试验叶面积指数的模拟值与实测值进行对比，模型在模拟棉花的叶面积指数上，各处理下的相对误差小于10%，并且标准均方根误差分别为5.93%，4.87%和6.64%，小于10%，表明品种参数经过率定后，在不同年份下模型模拟能够较好地模拟棉花的叶面积指数，适用性较强。

在DSSAT模型参数率定中，试验得出叶面积指数会遭受光合同化物总量与其分配比例间的影响，但是影响最大的要素是比叶面积和单片叶面积最大值。因此，初花期到第一个棉铃产生的光热时间（FL-SH）和初花期到第一个籽粒产生的光热时间（FL-SD）这两个参数即使不是敏感性参数也同样至关重要，因为这些参数会影响棉花的生育进程和干物质分配比例，对叶面积指数前期的变化起到一定的作用，同时，初花期到叶片停止扩展的光热时间（FL-LF）也不是敏感性参数，但因为它能决定叶片停止发育的时间，所以它影响叶面积指数后期的变化大小。

表5-19 叶面积指数模拟结果

| 项目 | 年份 | 处理 | 播种后天数 | 模拟 | 实测 | 误差 | 相对误差 | 标准均方根差 |
|---|---|---|---|---|---|---|---|---|
| 模型回拟 | 2020 | T1 | 101 | 4.698 | 4.5676 | 0.1304 | 2.85% | 5.93% |
| | | | 111 | 4.597 | 4.8676 | 0.2706 | 5.55% | |
| | | | 127 | 4.415 | 4.8844 | 0.4694 | 9.61% | |
| | | | 142 | 4.485 | 4.5392 | 0.0542 | 1.19% | |
| | | T2 | 101 | 4.763 | 4.5458 | 0.2172 | 4.77% | 4.87% |
| | | | 111 | 4.663 | 4.5921 | 0.0709 | 15.4% | |
| | | | 127 | 4.472 | 4.7637 | 0.2917 | 6.12% | |
| | | | 142 | 4.537 | 4.2940 | 0.2430 | 5.65% | |
| | | T3 | 101 | 4.801 | 4.3159 | 0.4851 | 11.2% | 6.64% |
| | | | 111 | 4.717 | 4.5650 | 0.1520 | 3.32% | |
| | | | 127 | 4.539 | 4.3590 | 0.1800 | 4.12% | |
| | | | 142 | 4.588 | 4.3622 | 0.2258 | 5.17% | |

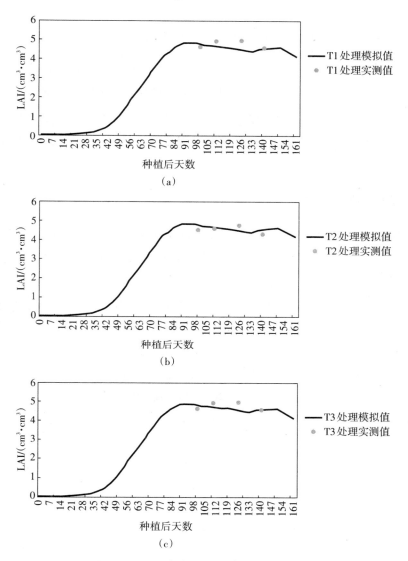

图 5-12　2020 年各处理下叶面积指数

## 5.4.5　模型评价

根据模型的回拟和验证来看，模型对于棉花物候期、产量、生物量的回拟和验证都在恰当范围内，对 2020 年叶面积指数的回拟与验证有较大的误差，其原因可能是由棉花种植后持续一段时间的低温和降雨所导致的。

因此，该模型能够较好地提供棉花的生育期预报，模拟不同水肥制度下棉花的产量，但是对叶面积指数的模拟不够准确，需要再进行修正。

## 5.4.6  不同灌溉施氮制度下的产量模拟

根据5.3节的结果可以说明，本次作物模型在对棉花产量的模拟方面，精确度比较可靠。作物模型研究到目前阶段，合理的灌溉、施肥对作物产量的影响一直是个热门话题，产量的模拟与评价对未来田间管理制度的实施有着重要的指示作用。针对上述内容，接下来将通过合理的灌溉与施肥制度对棉花的产量、水分利用率、施氮量净收益进行评价。

### 5.4.6.1  灌溉制度设计

杨九刚等对新疆南疆棉花膜下滴灌试验了12种灌溉频次加4种灌溉定额的方法，对棉花的生长发育和棉花的产量实行了研究，发现375～450 mm的灌溉定额和12～16次的灌溉次数是最适宜南疆土质的灌溉方式。此外，根据新疆维吾尔自治区水利厅《新疆农业灌溉用水定额》文件的发布，新疆南疆塔里木盆地西缘区在常规灌溉50%时，棉花的灌溉用水定额应为6450 m³·hm²。因此，本章结合试验地棉花蕾期、花铃期的实际情况，模拟产量时，在棉花的苗期和吐絮期也增设了灌溉，为了确保产量，本章设定最大灌溉定额为520 mm，制定了20种灌溉制度，见表5-20。

表5-20  灌溉制度设计

| 灌溉制度 | 苗期水量 | 蕾期水量 | 花铃前期水量 | 花铃后期水量 | 吐絮期水量 | 总灌水量 |
|---|---|---|---|---|---|---|
| W1 | 0 | 54 | 54 | 90 | 0 | 198 |
| W2 | 0 | 72 | 72 | 120 | 0 | 264 |
| W3 | 0 | 90 | 90 | 150 | 0 | 330 |
| W4 | 0 | 108 | 108 | 180 | 0 | 396 |
| W5 | 0 | 120 | 120 | 200 | 0 | 440 |
| W6 | 18 | 54 | 54 | 90 | 0 | 216 |
| W7 | 24 | 72 | 72 | 120 | 0 | 288 |
| W8 | 30 | 90 | 90 | 150 | 0 | 360 |
| W9 | 36 | 108 | 108 | 180 | 0 | 432 |
| W10 | 40 | 120 | 120 | 200 | 0 | 480 |
| W11 | 18 | 54 | 54 | 90 | 18 | 234 |
| W12 | 24 | 72 | 72 | 120 | 24 | 312 |
| W13 | 30 | 90 | 90 | 150 | 30 | 390 |
| W14 | 36 | 108 | 108 | 180 | 36 | 468 |
| W15 | 40 | 120 | 120 | 200 | 40 | 520 |
| W16 | 0 | 54 | 54 | 90 | 18 | 216 |
| W17 | 0 | 72 | 72 | 120 | 24 | 288 |

表5-20（省方钠石）

| 灌溉制度 | 苗期水量 | 蕾期水量 | 花铃前期水量 | 花铃后期水量 | 吐絮期水量 | 总灌水量 |
|---|---|---|---|---|---|---|
| W18 | 0 | 90 | 90 | 150 | 30 | 360 |
| W19 | 0 | 108 | 108 | 180 | 36 | 432 |
| W20 | 0 | 120 | 120 | 200 | 40 | 480 |

注：结合试验地实际情况设定灌水时间为：苗期（5月30日），蕾期（6月10日、6月17日、6月24日），花铃前期（7月1日、7月8日、7月15日），花铃后期（7月22日、7月29日、8月5日、8月12日、8月19日），吐絮期（8月26日）。

灌溉定额分为：18mm、24mm、30mm、36mm、40mm。

灌溉频率：每隔7～10天进行一次灌溉。

## 5.4.6.2　施氮措施设计

关于施氮量，一般有两种确定方法：一种是按照净利润最大决定施氮量（王宏庭等，2010）[51]，另一种是按照不同施氮量下产量的大小决定适合的回归方程拟合求解（陈新平等，2000）[52]。李俊义[53]等对新疆棉区棉花氮肥适宜用量研究结果表明，氮用量一般在330 kg·hm²左右，折合成尿素就是717 kg·hm²。因此，本研究设置的施氮量为268～448 kg·hm²，以60 kg·hm²为一个间隔，具体施氮措施见表5-21。

表5-21　施氮措施设计

| 生育期阶段 | 施肥日期 | 处理 | 施氮量 |
|---|---|---|---|
| 苗期<br>花铃前期<br>花铃后期 | 6月24日，7月1日 | N1 | 268 |
| | 7月15日，7月22日 | N2 | 328 |
| | 7月29日，8月5日 | N3 | 388 |
| | 8月12日，8月19日 | N4 | 448 |

## 5.4.6.3　不同灌溉施氮措施对棉花产量的影响

在棉花苗期灌溉应适当，过少容易影响棉苗早发，过多则会导致棉苗扎根浅。在棉花蕾期灌溉过少会抑制发棵，延迟现蕾，过多则会导致棉株徒长。棉花在花铃期生长发育速度最迅猛，对水分的敏感度较高，在该时期实行正确的灌溉能合理增加铃重及棉铃数，过少会导致早衰，过多会引起棉株徒长从而引起蕾铃脱落。在棉花吐絮期合理灌溉有利于秋桃发育，增加铃重，促进早熟和防止烂铃。对棉花施肥依照轻施苗肥、稳施蕾肥、重施花铃肥、补施盖顶肥的原则适量施肥。

从图5-13结果分析上来看，在不同水氮措施下，模型模拟棉花产量时，模型的产量模拟随着棉花生育期内灌水量和施肥量的增加而增加，当灌溉定额从18 mm增长到24 mm时，产量涨幅最明显，增幅达到20.1%～22.4%。当施氮量相同时，灌溉定额为

18 mm 的情况下，产量最低，其中可能原因是单次灌溉定额过小，灌溉湿润深度未能达到深层主根区域，从而产生了水分胁迫，导致棉花减产。当灌溉定额从 30 mm 增长到 36 mm 时，产量增幅最低，为 0.5% ~ 0.9%，其中原因可能是单次灌溉定额稍大，抑制了棉花植株的呼吸，从而影响作物的蒸腾。当施氮量与灌溉定额相同时，对比在棉花不同生育期内灌水量，结果显示在吐絮期内增加一次灌水，可以帮助棉花提高一定的产量。当灌水量一样时，施氮措施 N1 处理到 N2 处理间的产量变化幅度最大。在灌水量和施氮量达到 432 mm 和 268 kg·hm$^{-2}$ 时，棉花产量值达到最高点。灌水定额达到 40 mm 时，模拟的产量会大大减少，而施氮的增加达到临界值，产量的变化幅度较小，趋于平稳，虽然有轻微的产量值波动，但是总体的值比较接近。从图 5-14 和图 5-15 结果分析来看，水分利用率下降，水氮措施 W18N3 的棉花 WUE 最高，为 1.6 kg·m$^3$；W17N1，W17N3，W19N4，W19N2 的 WUE 较高，分别为 1.59 kg·m$^{-3}$，1.59 kg·m$^{-3}$，1.58 kg·m$^{-3}$ 和 1.58 kg·m$^{-3}$。施氮量净收益下降，水氮措施 W10N2 的棉花净收益最高，为 16082，W15N2、W4N2、W19N2 和 W10N4 的净收益较高，分别为 16082，16026，16026 和 15665。

因此，综合考虑灌溉定额、产量、水分利用率、施氮量净收益四方面要素，模型给出的最优灌溉施氮措施为 W19N2，灌水最佳定额为 288 ~ 432 mm，施氮最佳量为 268 ~ 328 kg·hm$^{-2}$。

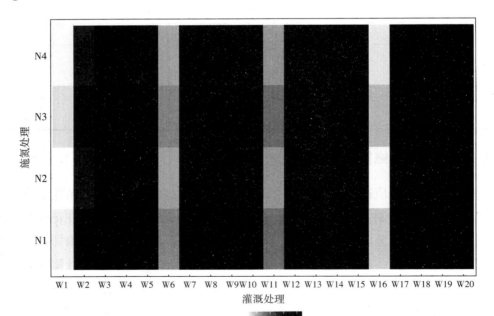

图5-13　不同灌溉、施氮处理下的产量模拟

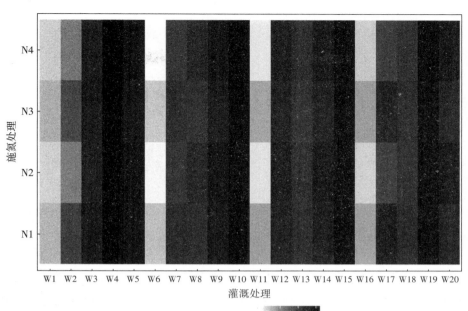

施氮量净收益 　0　5000 1000015000

**图5-14　不同灌溉、施氮处理下的水分利用率模拟**

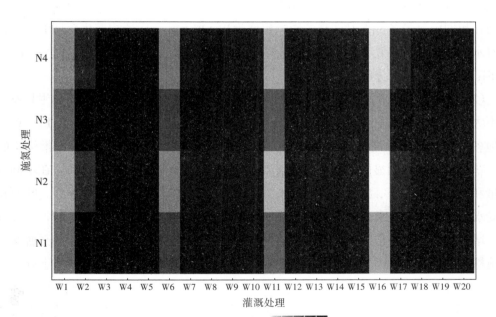

施氮量净收益 　0　5000 1000015000

**图5-15　不同灌溉、施氮处理下的施氮量净收益模拟**

# 第6章 棉花水氮利用展望

## 6.1 棉花水氮利用结论

在中度盐渍化土壤和轻度盐渍化土壤上，整体来说，中度盐渍化土壤比轻度盐渍化土壤出苗期晚 2~3 天。含盐量越高，棉花的出苗时间越晚。在中度盐渍化土壤中，高水灌溉处理与中水灌溉处理要比低水灌溉处理出苗早 1~2 天，说明在灌水量充分的条件下可以稀释土壤的盐分，有利于棉花出苗。土壤盐分高限制氮肥的硝化水解，使棉株吸氮量减少，导致棉花氮素亏缺。最终导致不同盐分土壤上棉花株高具有明显的差异。说明在相同施氮量条件下对株高的影响程度为 $W_H > W_M > W_L$。随着棉花生育期的推进，棉花对水分的需求逐渐增大，使棉花株高在不同灌水水平下的差异逐渐加大，在 $W_L$ 灌水水平下棉花会受到水分胁迫。

（2）在轻度盐渍化土壤和中度盐渍化土壤上，适当地节水节氮对棉花的生长发育影响不大。无论在轻度还是中度盐渍化土壤上，低灌水量条件下（$W_L F_H$、$W_L F_M$、$W_L F_L$），其他各氮肥处理的株高明显高于低灌水量处理。棉花的茎粗随着生育期的推进不断增加，茎粗增加最为明显的时间段为现蕾期-盛蕾期（6月21日—7月1日）。在不同的灌水量和施肥量水平下，对茎粗产生最佳耦合效应的是水和肥在 $W_H F_H$ 处理下。叶面积指数受水分的影响比较大，对水分的反应比较敏感，当灌水量达到一定水平时，叶片数量多，增长快，叶面积指数大；当灌水水平不足时，叶片萎缩，数量减少，甚至脱落，此时植株叶面积指数低。进入8月，随着棉花植株生育期的推进，叶面积指数下降，不同灌水量对叶面积指数影响显著。通过查阅资料和考查当地实际情况，设置了20种灌溉制度、4种施氮措施，研究结果表明，在施氮量一样的情况下，在同样的灌水次数和灌水时间间隔的组合下，伴随着灌水定额的上升，模拟的棉花产量呈现先增长后降低的趋势，形成一个二次抛物线形状，然而水分利用率则随着灌水定额的增加而减少。在灌溉量相同的条件下，当施氮量达到临界值时，施氮量的增加并不会引起产量的较大浮动，变化趋势不明显。

植株地上部分干物质累积量的形成受水肥耦合效应的影响极大，呈极显著水平，在泄水量为 4700 m⁻²·hm⁻² 施氮量为 260 kg·hm⁻² 时达到最大。综上所述，在泄水量充足条件下，促进下物质累积量的形成最佳的水氮耦合为 $W_HF_H$。因此，适宜的灌水量和施氮量能有效地促进棉花健康生长及棉花地上部分干物质的累积。

植株地上部分干物质累积量的形成受水肥耦合效应的影响极大，呈极显著水平，在灌水量为 4700 m³·hm⁻²、施氮量为 260 kg·hm⁻² 时达到最大，在灌水充足条件下，促进干物质累积量的形成最佳的水氮耦合为 $W_HF_H$。因此，适宜的灌水量和施氮量能有效地促进棉花健康生长及棉花地上部分干物质的累积。在施氮量为 360 kg·hm⁻²、灌水量为 4100 m³·hm⁻² 时，即 $W_MF_H$ 处理，氮肥吸收利用率最大，说明施氮和灌水都可以提高棉花的氮素利用率，适宜的水氮用量可以增加作物的肥效。通过 SimLab 软件对模型参数进行敏感分析，结果表明，在一阶敏感性分析下，出苗到初花期光热时间（EF-FL）对开花期、成熟期、生物量、叶面积指数均有影响，第一个籽粒产生到生理成熟的光热时间（SD-PM）对成熟期、产量、生物量也均有影响。此外，每日分配给棉铃的干物质量的最大比例（XFRT）还对产量和叶面积指数有影响，在全局敏感性分析下，种子填充棉铃仓的持续时间（SFDUR）由不敏感参数转变成敏感性参数。通过 2019 年和 2020 年的田间实验数据对 DSSAT-CROPGRO-Cotton 模型的作物品种参数进行了参数率定和模型回拟与验证，结果表明，模型对棉花的开花期、成熟期、产量、生物量、叶面积指数的模拟值和大田实验的实测值对比误差较小，其中模型模拟棉花开花期、成熟期、产量和生物量的标准均方根误差（$n$RMSE）均小于 10%，对逐日叶面积指数的模拟的标准均方根误差小于 20%，说明作物遗传参数的精确度较高，校正的品种参数可以比较准确地进行接下来的模拟研究。

盐渍化土壤棉花水分和氮素在 0～100 cm 处的运移规律，以 $W_HF_H$、$W_MF_H$、$W_LF_H$ 处理为例，实测值与模拟值吻合度良好。在高灌水（$W_H$）处理下，随着施氮量的增加，土壤含水率降低。$W_HF_L$ 处理和 $W_HF_H$ 处理的土壤含水率最大值出现在 60 cm 处，土壤含水率在 $W_HF_M$ 处理下的主要分布在 20～40 cm 处并且最大值出现在 40 cm 处，土壤含水率随土层深度增加逐渐减小，在 100 cm 处，$W_HF_L$ 含水率要比 $W_HF_H$ 和 $W_HF_M$ 大，这样容易引起深层渗漏。而土壤硝态氮含量在 $W_HF_M$ 处理下分布比较合理，峰值出现在 60～80 cm 处，与棉花主要根系分布处在基本相同的位置，在这个范围内有助于棉花的生长。

## 6.2 对日后研究的展望

我们针对南疆盐渍化土壤水氮高效利用及迁移做了一些模拟研究工作，在实际的农业生产中，大气-土壤-植物（SPAC）系统是一个不可分割的复杂的整体，还需进一步对盐渍化土壤中土壤微生物呼吸作用，氮素硝化、挥发反应、盐渍化土壤的氮素运移转化机理进行研究，针对作物不同生育期精确氮肥用量；对棉花的生理生态指标进行表观的研究，未来还应该结合植物体内的一些内源因素，进一步研究作物的耐盐机理与水氮效应；收集不同盐渍化土壤的盐分、作物生长、水肥等农田资料，结合当地区域气象资料，建立水肥管理平台，对不同盐分土壤的施肥量、灌溉制度进行优化。

# 参考文献

［1］　木合塔尔·吐尔洪,木尼热·阿布都克力木,西崎·泰,等. 新疆南部地区盐渍化土壤的
分布及性质特征［J］.环境科学与技术,2008(4):22-26.

［2］　周永萍,田长彦,王平.不同水氮处理对棉田系统氮素吸收利用及残留的影响［J］.干
旱区地理,2010,33(5):725-731.

［3］　薛冯定.大田棉花滴灌施肥水肥耦合效应研究［D］.咸阳:西北农林科技大学,2013.

［4］　赵远伟.棉花幼苗根系对盐胁迫的响应及机制［D］.保定:河北农业大学,2014.

［5］　向敏超,毛端明.15N 研究新疆灌淤土–冬小麦系统中尿素氮的利用和去向［J］.土壤
肥料,1994(4):18-21.

［6］　高英.灌溉水含盐量和盐分累积对作物生长潜势的影响［D］.咸阳:西北农林科技大
学,2007.

［7］　郎志红.盐碱胁迫对植物种子萌发和幼苗生长的影响［D］.兰州:兰州交通大学,
2008.

［8］　黄立华,梁正伟,马红媛.不同盐分对羊草种子萌发和根芽生长的影响［J］.农业环境
科学学报,2008(5):1974-1979.

［9］　KUIPER D,SCHUIT J,KUIPER P J C. Actual cytokinin concentrations in plant tissue
as an indicator for salt resistance in cereals［J］. Plant and soil,1990,123:243-250.

［10］　STOREY R,WALKE R R. Citrus and salinity［J］. Scientia horticulturae,1998,78(1-
4):39-81.

［11］　刘贵娟.盐分胁迫条件下蓖麻萌发出苗及幼苗对外源赤霉素调节的响应［D］.扬
州:扬州大学,2013.

［12］　ASHRAF M,HARRIS P J C. Potential biochemical indicators of salinity tolerance in
plants［J］. Plant science,2014,166:3-16.

［13］　ASHRAF M,FOOLAD M R. Roles of glycine betaine and proline in improving plant abio-
tic stress resistance［J］. Environmental and experimental botany,2007,59(2):206-
216.

［14］　JALEEL C A,GOPI R,SANKAR B,et al. Studies on germination,seedling vigour,lipid peroxidation and proline metabolism in Catharanthus roseus seedlings under salt stress [J]. South african journal of botany,2007,73(2):190-195.

[15] VARSHNEY K A,GANGWAR L P,GOEL N. Choline and betaine accumulation in trifolium alexandrinum L during salt stress [J]. Egypt J. Bot,2015,31:81-86.

[16] 王桂君,许振文,蒋秋花,等.不同程度盐碱化土壤对两种作物种子萌发及幼苗生长的影响[J].安徽农业科学,2013,41(21):8857-8859.

[17] 胡楚琦,刘金珂,王天弘,等.三种盐胁迫对互花米草和芦苇光合作用的影响[J].植物生态学报,2015,39(1):92-103.

[18] 柏新富,朱建军,赵爱芬,等.几种荒漠植物对干旱过程的生理适应性比较[J].应用与环境生物学报,2008,14(6):763-768.

[19] 夏尚光.NaCl胁迫对5个树种幼苗光合作用特性的影响[J].安徽林业科技,2011,37(1):23-28.

[20] 谭永芹,柏新富,朱建军.等渗盐分与水分胁迫对三角叶滨藜和玉米光合作用的影响[J].生态学杂志,2010,29(5):881-886.

[21] CHEN W,ZOU D,GUO W,et al. Effects of salt stress on accumulation in three poplar cultivars[J]. Photosynthetica. photosynthesis and solute 2014,47(3):415-421.

[22] MUNNS R. Comparative physiology of salt and water stress [J]. Plant,cell & environment. 2010,25(2):239-250.

[23] ALLAKHVERDIEV S I,SAKAMOTO A,NISHIYAMA Y,et al. Inactivation of photosystems I and II in response to osmotic stress in synechococcus. contribution of water channels[J]. Plant physiology. 2000,122(4):1201-1208.

[24] 高光林,姜卫兵,俞开锦,等.盐胁迫对果树光合生理的影响[J].果树学报,2003(6):493-497.

[25] 周兴元,曹福亮.土壤盐分胁迫对假俭草、结缕草光合作用的影响[J].江西农业大学学报,2005(3):408-412.

[26] 姚佳.盐胁迫对扁蓿豆和紫花苜蓿生长、光合生理及阳离子分配与运输的影响[D].南京:南京农业大学,2014.

[27] STROGONOV B P. Structure and function of plant cells in saline habitats [M]. New York Halsted Press,1973:57-58.

[28] 曹靖,杨晓东,吕光辉,等.盐分对白刺光合作用及其叶功能性状的影响[J].新疆农业科学,2015,52(11):2065-2075.

[29] MUNNS R,TESTER M. Mechanisms of salinity tolerance [J]. Annual review of plant biology,2008,59:651-681.

[30] BADIA D. Potential nitrification rates of seraiarid crop land soils from the central Ebro

Valley, Spain[J]. Arid soil research and rehabilitation, 2010, 14(3): 281-292.

[31] 代建龙, 董合忠, 段留生. 盐分差异分布下不同形态氮素对棉苗生长及主要营养元素吸收的影响[J]. 中国农业大学学报, 2012, 17(4): 9-15.

[32] 李玲, 仇少君, 陈印平, 等. 黄河三角洲区土壤活性氮对盐分含量的响应[J]. 环境科学, 2014, 35(6): 2358-2364.

[33] LAURA R D. Effects of alkali salts on carbon and nitrogen mineralization of organic matter in soil[J]. Plant and soil, 2013, 44(3): 587-596.

[34] 郭淑霞, 龚元石. 不同盐分和氮肥水平对菠菜水分及氮素利用效率的影响[J]. 土壤通报, 2011, 42(4): 906-910.

[35] 曾文治, 徐驰, 黄介生, 等. 土壤盐分与施氮量交互作用对葵花生长的影响[J]. 农业工程学报, 2014, 30(3): 86-94.

[36] MENYAILO O V, STEPANOV A L, UMAROV M M. Effect of salts on the denitrification product ratio in soils[J]. Eurasian soil science, 1998, 31(3): 288-292.

[37] 嵇云. 啤酒花施肥参数和水氮耦合模型的研究[D]. 乌鲁木齐: 新疆农业大学, 2008.

[38] 史宏志, 范艺宽, 刘国顺, 等. 烟草水肥耦合机理研究现状和展望[J]. 河南农业科学, 2008(10): 5-10.

[39] 张炎, 毛端明, 王讲利, 等. 新疆棉花平衡施肥技术的发展现状[J]. 土壤肥料, 2003(4): 7-10.

[40] 冯宗会. 不同水氮管理下 NDVI 监测及优化施氮研究[D]. 北京: 首都师范大学, 2012.

[41] 闵伟, 侯振安, 冶军, 等. 灌溉水盐度和施氮量对棉花根系分布影响研究[J]. 棉花学报, 2014, 26(1): 58-65.

[42] 刘小刚, 张富仓, 杨启良, 等. 玉米叶绿素、脯氨酸、根系活力对调亏灌溉和氮肥处理的响应[J]. 华北农学报, 2009, 24(4): 106-111.

[43] 闫建文. 盐渍化土壤玉米水氮迁移规律及高效利用研究[D]. 呼和浩特: 内蒙古农业大学, 2014.

[44] 沈细中, 朱良宗, 崔远来, 等. 作物水、肥动态生产函数: 修正 Morgan 模型[J]. 灌溉排水, 2001(2): 17-20.

[45] 王康, 沈荣开. 节水条件下土壤氮素的环境影响效应研究[J]. 水科学进展, 2003(4): 337-341.

[46] 周智伟, 尚松浩, 雷志栋. 冬小麦水肥生产函数的 Jensen 模型和人工神经网络模型及其应用[J]. 水科学进展, 2003(3): 280-284.

[47] 陈义强, 刘国顺, 习红昂, 等. 烟草栽培中土壤适宜含水率及施肥模型[J]. 农业工程

学报,2009,25(2):42-49.

[48] 田敏,张泽,陈剑,等.基于土壤硝态氮的滴灌春小麦氮素施肥模型建立研究[J].新疆农业科学,2014,51(10):1851-1856.

[49] 翟丙年,李生秀.冬小麦产量的水肥耦合模型[J].中国工程科学,2002(9):69-74.

[50] 王斌,马兴旺,杨涛,等.南疆沙壤土地面灌溉高产棉田施肥灌水数学模型研究[J].棉花学报,2011,23(4):359-363.

[51] 霍星,史海滨,田德龙,等.盐分条件下水氮对向日葵影响及其产量模型研究[J].节水灌溉,2012:(6):22-26.

[52] 何进宇,田军仓.旱作水稻水肥耦合模型及经济效应[J].排灌机械工程学报,2015,33(8):716-723.

[53] XU L G,YANG J S,ZHANG Q,et al. Salt-water transport in unsaturated soils under crop planting:dynamics and numerical simulation[J]. Pedosphere,2005(5):92-98.

[54] 李久生,张建君,饶敏杰.滴灌施肥灌溉的水氮运移数学模拟及试验验证[J].水利学报,2005(8):932-938.

[55] 穆红文.膜孔灌自由入渗氮素运移转化特性试验及数值模拟研究[D].西安:西安理工大学,2007.

[56] HANSON B R,SIMUNEK J,HOPMANS J W. Evaluation of urea-ammonium-nitrate fertigation with drip irrigation using numerical modeling[J]. Agricultural water management,2006,86(1-2):102-113.

[57] 胡克林,李保国,陈研,等.作物生长与土壤水氮运移联合模拟的研究 I:模型[J].水利学报,2007(7):779-785.

[58] LAZAROVITCH N ,WARRICK A W,FURMAN A,et al. Subsurface water distribution from drip irrigation described moment analyses[J]. Vadose zone journal,2007,6(1):116-123.

[59] GARDENAS A,HOPMANS J W,HANSON B R,et al. Two-dimensional modeling of nitrate leaching for various fertigation scenarios under micro-irrigation[J]. Agricultural water management,2015,74(3):219-242.

[60] 龚江,谢海霞,王海江,等.棉花高产水氮耦合效应研究[J].新疆农业科学,2010,47(4):644-648.

[61] 郭清毅,黄高宝.保护性耕作对旱地麦-豆双序列轮作农田土壤水分及利用效率的影响[J],水土保持学报,2005(3):165-169.

[62] COTE C M,BRISTOW K L,CHARLESWORTH P B,et al. Analysis of soil wetting and solute transport in subsurface trickle irrigation[J]. Irrigation science,2003,22(314):143-156.